심령과학 시리즈 8

악령을 쫓는 비법

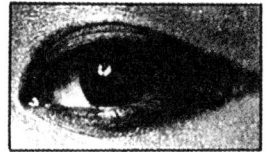

안 동 민 / 저

瑞音出版社

머 리 말

심령과학 시리즈 8권째로 내는 《악령을 쫓는 비법》은 필자가 체험한 이야기와 이웃나라 일본에서 일어났던 일들을 중심으로 육체를 버린 영혼들이 살아있는 사람들에게 좋게 또는 나쁘게 작용하는 현상을 모아 보았다.
　이 가운데 서장(序章)인 〈영각자가 되는 길〉은 제령과 아무 상관이 없는 이야기 같아서 독자들 가운데는 의아하게 여길 분들도 있으리라고 생각된다.
　그러나 이 글은 필자가 어떻게 하여, 하나의 작가에서 영능력자 내지는 영각자가 되고자 노력하는 사람이 되었는가 하는 궁금증을 풀어 주리라고 생각도 되고, 한편으로는 필자가 발견했고 터득하여 이미 수백 명에 달하는 임상경험을 겪은 바 있는 체질개선의 원리가 무엇임을 밝혀 준 글이기에 오히려 독자들 가운데는 더 흥미있어 하는 분도 있으리라고 생각되어 수록했다.
　몇년 전 《주간한국》 지상에 연재한 바 있는 〈방랑4차원(放浪四次元)〉에서 뽑아 넣은 글도 있음을 밝혀 둔다.
　이 《**악령을 쫓는 비법**》을 읽게 되는 독자 여러분들은 영혼이 존재하느냐, 존재하지 않느냐는 이미 우리의 호기심의 대상을 벗어나서 우리들의 일상생활에 직접 영향을 주는 현상을 다룬 것임을 깨닫게 되리라고 믿는다.

　상대가 보통 사람의 눈에 보이지 않는 영혼이기에 문제는 더 심각할 수가 있는 것이라고 생각된다.

　육체를 버린 영혼은 우리 눈에만 보이지 않을 뿐 아니라 살아있을 때와 똑같은 개성(個性)을 지니고 있으며, 그들은 우리들 육체 인간과 달라서 다시 육체 인간으로 태어나기 전까지는 몇백년 간 존재할 수 있는 것이다.

　독자 여러분들이 이 책을 읽으면 자기의 지난 생활을 되돌아 보고 무엇인가 느껴지는 점이 있을 것으로 생각되며, 또한 앞날의 생활지침을 세우는 데 큰 도움이 되기를 간절히 바라는 바이다.

　이 세상에 한 사람이라도 불행한 사람이 적어져야겠지만, 또한 원령(怨靈)이 되어, 떠도는 영혼이 줄어들기를 바라는 마음 간절하다.

　우리나라와 온 세계에 더욱 평화와 행운이 충만하길 기구하면서 붓을 놓는다.

저　자

악령을 쫓는 비법 • 차례

머리말 ——————————————— 9

서 장 영각자(靈覺者)가 되는 길

1. 인간 전자파 생명체론 ——————— 16
2. 퇴화를 거듭한 인간들 ——————— 28
3. 체질개선은 가능한가? ——————— 32
4. 길은 여러 갈래가 있다 ——————— 36
5. 초인이 되는 길 ————————— 38
6. 제3의 눈 ——————————— 43
7. 장풍이야기 —————————— 50
8. 원판인간과 한국인 ———————— 54
9. 영능력자와 영각자 ———————— 62

제1장 인연령(因緣靈)의 암약

1. 쫓기는 사나이 ————————— 66
2. 전생에서의 약속 ————————— 71
3. 심은대로 거둔다 ————————— 76
4. 영혼의 호소 —————————— 81
5. 이상한 얼룩이 ————————— 89

6. 소작인 부부의 집념 ———————— 94
7. 도벽으로 괴로워 하는 여자 ———————— 102
8. 회복된 심장의 구멍 ———————— 106
9. 후처를 싫어 한 젊은 아내의 영혼 ———————— 118
10. 대신 추락해 죽은 소위 ———————— 129

제2장 무서운 집념

1. 참수를 못한 중국 병사 ———————— 134
2. 아프리카에서 돌아온 영혼 ———————— 144
3. 무너진 사업에 대한 꿈 ———————— 151
4. 손발이 멋대로 움직이는 병 ———————— 160
5. 생령이야기 ———————— 164
6. 멸종당한 왕지네 가족들의 원한 ———————— 168
7. 갑자기 결핵 환자가 된 이발사 ———————— 172

제3장 인간과 동물

1. 자살충동에 괴로워 하는 이발사 ———————— 176
2. 외출공포증에 떠는 어느 시인의 이야기 ———————— 180
3. 돼지새끼를 먹은 간질병 환자 ———————— 183
4. 기르던 개의 영에게 물리다 ———————— 185
5. 공기총으로 쏜 고양이 ———————— 188
6. 죽은 말의 환송 ———————— 195
7. 씻은 듯이 좋아진 가슴앓이 병 ———————— 202

제4장 살아 있는 조상령들

1. 수호령 이야기 ———————— 206
2. 위암을 발생시킨 숙부의 원혼 ———————— 209
3. 위장병을 앓는 형제 ———————— 213

4. 까닭 모르게 입안이 쓴 병 ——————— 215
5. 잠을 이루지 못하는 사람들 ——————— 219
6. 유전의 소재를 가르쳐 준 아버지의 영혼 —— 226

제5장 전생을 본다

1. 자기 처벌의 욕망 ——————— 232
2. 세번째 인연 ——————— 235
3. 염력에 대한 이야기 ——————— 242
4. 청의동자 이야기 ——————— 245
5. 전생(前生)의 인연 ——————— 248
6. 인도네시아의 별 ——————— 251

서 장
영각자(靈覺者)가 되는 길

1. 인간 전자파(人間電磁波) 생명체론

델피의 신전(神殿)에는 '그대 자신을 알라!'라는 글이 적혀 있다고 한다.
자기 자신이 누구인가 하는 질문은, 곧 인간은 어디서 왔으며, 어떤 존재인가 하는 의문과 통하는 말이기도 하다.
옛날부터 인간에 대해서는 많은 학설(學說)이 있었다. 인간은 원숭이가 진화한 존재라고 말한 다아원의 학설이 나온 것은 아주 최근의 일이고, 그보다는 더 오랜 세월에 걸쳐서 인간은 조물주가 창조했으며, 영혼과 육체를 아울러 지닌 존재라는 설이 압도적으로 대다수의 사람들이 믿어 온 설(說)이었다.
인간은 다른 동물과 달라서 영혼을 지니고 있으며, 영혼은 불멸(不滅)의 존재라고 믿어 온 이들이 있는 반면에, 다른 동물에게도 영혼이 있다고 믿어 온 이들도 많다.
인도에서 발달된 요가 철학에서는 신(神)이란 바로 '우주 에너지' 자체라고 했고, 인간의 본질은 신의 속성인 '빛 에너지' 자체라고 했다.
'그대 자신이 만인(萬人)을 비추는 빛이 되라.'
이 말은 단순한 비유라고 보기에는 너무나 그 뜻이 깊은 말이다.

인간은 영체(靈體)・상념체(想念體)・유체(幽體)・육체(肉體)라고 하는 네 겹의 옷을 입고 있으며, 스스로 수도(修道)를 통해 이 네 겹의 옷을 버리고 우주의식과 하나가 되는 것이 인생의 목표이며, 그것이 참다운 열반의 경지에 들어가는 것이라고 불교철학(佛敎哲學)은 가르치고 있다.

인간이 스스로 만든 원인[그것은 행위는 물론이오, 마음속에서 은밀히 생각한 것까지 포함된다]은 반드시 현세(現世)에서가 아니면 다음 번 세상에서 본인에게 결과가 되어서 돌아온다는 게 이른바 불교에서 말하는 인과응보설(因果應報說)이다.

이것을 또 다른 말로 표현하면, 카르마[업(業)]라고도 한다. 이 업장(業障)을 깨치고 열반의 경지에 이르려면 인간의 본성이 불성(佛性) 또는 신성(神性)임을 깊이 깨우치고 모든 욕심을 버리라고 했다.

인간의 육체가 죽는 날, 영혼은 육체에서 탈출하고 유계(幽界) 또는 영계(靈界)에서 적당한 수련을 쌓은 뒤에 인간이나 동물로 재생(再生)한다는 것, 그래서 끝없는 수양을 되풀이 해야 한다는 것이 불교에서 말하는 이른바 '윤회설(輪廻說)'이다.

기독교의 사상은 이와는 조금 다르다.

역시 인간은 불멸의 존재인 영혼을 지니고 있다는 데는 생각이 같지만 [일부 기독교에서는 영혼의 존재를 인정치 않고 있다] 기독교에는 윤회사상이 없다.

악인은 지옥으로 떨어지고, 신앙심이 두터운 선인(善人)이 죽으면 그 영혼은 천국으로 간다고 했다. 그리하여 최후의 심판날에 대비한다고 했다. 그러나 이런 종교의 사상과는 달리 현대의 과학은 인간이 영원 불멸한 영혼을 지닌 존재라는 것을 인정치 않는다.

  인간은 하등동물에서부터 진화(進化)를 했고, 뇌가 발달된 것은 다른 동물과 다른 점이라고 했다.

  대뇌(大腦)가 발달된 인간은 추상적인 세계를 이해하게 되었고, 극대(極大)의 세계, 크게는 대우주(大宇宙)에서부터 작게는 전자현미경으로도 탐지하기 어려운 원자(原子)의 구조에서 소립자(素粒子)까지 알아낸 것이 모두 이 발달된 대뇌의 탓이라고 했다.

  현대과학이 첨단적인 수준에 이르렀다고는 하지만, 아직도 인간의 직접적인 조상은 찾아내지 못하고 있는 실정이다.

  그런데, 요즘 인간의 기원(起源)에 대해서 터무니없는 새로운 학설을 들고 나온 사람이 있다.

  바로 조오지·H·윌리엄슨 박사라는, 인류학자이며 탐험가인 미국인이다.

  그는 이런 말을 했다.

  "인류는 원숭이로부터 진화(進化)된 것이 아니다. 영체생물(靈體生物)인 우주인의 기생(寄生)에 의한 원인(原人)이 발달되어 오늘날의 인간으로 변하게 된 것이다."

  필자가 이제부터 설명하려는 4차원 세계와 깊은 관련이 있기에 그의 새로운 학설을 좀더 자세히 소개하면 이렇다.

  지금부터 약 2천만년 전 지구 위의 생물 가운데 갑자기 이상한 종족이 나타났다.

  아득히 먼, 우주 먼 곳, 번쩍이는 별인 실리우스(太陽系)에서 찾아 온 기묘한 생물이었다.

  그들은 지구 위의 생물과 같이 육체를 지니고 있지 않은 영혼만의 존재[과학적으로 말하면 전자파 에너지 생명체]로서 그 당시의 어떤 지구생물(地球生物)보다도 훨씬 뛰어난 지성을 지닌 영적(靈的)인 우주인이었다.

그들은 연기와 같이 유인원(類人猿)의 뇌수 속으로 빨려 들어갔다.

마치 빈 조개껍질 속으로 들어간 꽃게와 같이 말이다.

바로 이때부터 한낱 동물에 지나지 않았던 원숭이는 보다 높은 정신을 가진 새로운 생물인 '인간'으로 진화하기 시작했다.

불을 쓰게 되고 도구를 만들고, 새로운 창조적인 생활을 하기 시작했다.

다시 말하면 인간은 정신이 발달되지 않은 원숭이로부터 오랜 세월에 걸쳐 진화된 것이 아니라 어쩌다가 원인(原人)의 두뇌에 기생을 하게 되어 지구에 정착하게 된 실리우스 태양계인의 후손이라는 이야기이다.

이 '실리우스 우주인'이 바로 4차원 생명체[또는 전자파 생명체]인 에너지 생명체[곧 영혼이라고 부르는 실체]라는 게 필자의 해석이다.

우리나라에서는 잘 알려져 있지 않지만, 조오지·H·윌리엄슨 박사는 인류학자·탐험가로서 유명한 분이다.

그는 몇번씩이나 남미의 정글 속을 찾아 들어가 매몰된 고대의 유적을 찾았고, 이집트·잉카 등 고대문명 연구의 권위자이다.

박사는 어째서 인간의 조상을 '실리우스 태양계인'이라고 생각한 것일까?

어째서 '오리온 별 사람'이나 그 밖의 별에서 온 우주인이라고 생각지 않고 하필이면 꼭 '실리우스 별 사람'인가 하는 질문에 대해서 박사는 이렇게 대답하고 있다.

"세계에서 가장 오래 된 문명의 하나인 고대 이집트 사람들이 실리우스 별을 샛별로서 숭배했던 사실이 있다."

실리우스 성인(星人)이 지구에 온 것은 육체 단계에서 가지가지 경험을 쌓아서 영체(靈體)로서의 자기 자신을 훈련하기 위해서였다.

그들은 높은 진화단계에 달했기 때문에 처음부터 육체를 지니지 않은 에너지 생명체로서 태어났는데 어릴 때는 아직 육체단계에서의 경험이 필요했고, 그런 과정을 겪지 않고서는 완전한 영적인 생물로서 성장할 수가 없었다고 한다.

그리하여 '실리우스 태양계'로부터 생각을 집중시켜 적당한 육체를 지닌 생물이 있는 떠돌이별로 순간 이동하여 그곳에서 어린 시절을 보내려고 했는데, 이렇게 해서 우리 지구에 도착한 그들은 그들의 기성 생물로 원숭이 종류를 선택했으리라는 것이다.

그 이유는 아마 이 땅 위의 온갖 환경에 적응해 많은 경험을 쌓으려면 물건을 잡을 수 있는 손이 필요했기 때문이었을 것이다.

한편 '실리우스 태양계인'은 굉장한 초능력을 가지고 있었다고 한다.

그것은 곧 생각을 집중시키는 것만으로, 우주 에너지를 집결시켜 원하는 물질을 창조할 수 있는 힘이었다.

공간에 충만되어 있는 '우주 에너지'를 물질로 변하게 하는 힘, 그것은 분명 하나의 뛰어난 초능력이었다.

한편으로, 자기의 몸을 자기 마음에 맞는 형태로 조금씩 고칠 수도 있었다고 한다.

그리스 신화에 등장하는 그리핀(머리는 매, 몸은 사자), 케레스(나비의 날개를 가진 난장이), 판(하반신은 염소, 상반신은 사람), 켄타울루스(半人半馬), 이 밖에도 뱀의 머리를 가진 골곤이나 인도 전설에 나타나는 가르다(鳥人)나 이집트의 유명한 스핑크스 등과 같은 괴물들이 사실 아득한 태고(太古)에는 실제로 존재해 있었다고 보는 것이 옳다고 윌리엄슨 박사는 주장한다.

한편, 머지 않아 고향인 '실리우스 별'의 지배자들은 '실리우스 별' 사람들의 이런 타락을 보고 크게 분노했고 정신적인 발달을 돕기 위해 육체를 이용시키려고 한 첫번째 사명을 잊고 있는 그들의 후손에게 큰 홍수를 일으켜서 모든 지구 생물들을 말살시키게 했다.

이것이 바로 〈구약성경〉에 나오는 '노아의 홍수'라는 것이다. 모든 괴물들은 다 없어지고 타락하지 않은 약간의 '실리우스 별' 사람들의 후손만이 살아 남았다.

이 살아 남은 자들에게서 나머지 초능력마저 빼앗아 갔다.

그것은 생각을 집중하는 것만으로 우주 에너지를 집결시켜 물질을 만들 수 있는 힘을 빼앗은 것이고, 자기의 육체가 죽은 뒤에도 고향인 '실리우스 별'로 돌아가지 못하고 이른바 불교에서 말하는 윤회를 이 지구 위에서 되풀이 하게 만들었다는 이야기이다.

대개의 영혼은 1만 2천년 동안 윤회를 되풀이 하면 다시 고향인 '실리우스 별'로 돌아갈 수 있는 완성단계에 이른다고 했다.

지구 주위의 전리층(電離層)과 반·아렌 방사능대(放射能帶)가 그들 육체를 버린 영혼들이 지구의 자장(磁場)에서 빠져 나가는 것을 막는 일종의 울타리 노릇을 하고 있는 게 아닌가 필자는 생각한다.

우리 육체를 지닌 인간이 단단한 벽을 뚫고 지나갈 수 없는 것과 마찬가지로 일종의 전자파(電磁波) 에너지 생명체인 영혼은 아마도 전리층이나 방사능대를 통과할 수 없는게 아닌가 생각된다.

그러면 여기서 필자가 생각한 가설인 인류의 기원설을 한 번 소개해 보고자 한다.

필자의 주장은 하나의 직관에서 얻어진 것일 뿐, 그 설이 옳다는 것을 뒷받침해 줄 수 있는 역사적인 근거는 물론 없다.

그러니까 심령문제 연구가이며, 소설가인 필자의 SF적인 인류기원론이라고 생각하고 읽어주시기 바란다.

생명체라고 하면 얼마 전까지만 해도 우리네와 같은 탄소형 생명체(炭素型生命體)만이 가능한 것으로 생각해 왔던 게 사실이나, 이 넓은 우주에는 규소(硅素)와 게르마늄을 주체(主體)로 하는 생명체도 가능하고 한편, 목성(木星)과 같이 추운 곳에는 메탄의 바다에서 태어나서 암모니아를 주성분으로 하는 특수한 영양분을 흡수하며 온갖 물질들 가운데서 가장 반응성(反應性)이 강한 불소(弗素)를 산소 대신에 숨쉬고 사는 그런 생명 형태도 가능하다고 본다.

그러나 이러한 여러 가지 형태의 생명체 가운데서 차원이 다른 자유의지(自由意志)를 지닌 전자파(電磁波) 에너지 생명체도 가능하다는 것이 필자의 생각이다.

아니 가능한 것이 아니라, 우리들에게 옛부터 전해 내려온 영혼이라고 하는 것이 이런 전자파 에너지 생명체가 아닌가 하는 것이 바로 필자의 생각인 것이다.

인간의 육체는 정전기(靜電氣)를 띤 생명자장(生命磁場)을 유지하고 이 자장에 사로잡혀 있는 게 플러스 전기를 띤 인간의 마음(전자파 에너지 생명체)이라고 생각한다.

인간의 몸에는 동맥과 정맥이 있고, 신경조직이 있음은 누구나 다 알고 있는 사실이다.

그런데 신경조직에는 5볼트 정도의 전압(電壓)을 가진 동물전기(動物電氣)가 흐르고 있는데 이런 동물 전기가 어디서 발생되는지는 아직 현대 의학에서도 밝히지 못한 문제이다.

필자는 이렇게 생각한다.

어딘지 모르는 우주 저쪽에 있는 영계(靈界)에서 끊임없이 생명전파(生命電波)가 보내져오고 있는데 사람은 두개골 천장의 가마 있는 부분[지압에서 말하는 백회혈(百會穴)]에서 이 전파를 받아서 머리 안으로 끌어들이면 뇌 속의 시상 하부(視床下部)나 송과체(松果體)에서 이 전파를 5볼트 정도의 동물전기로 바꿔서 몸에 있는 14경락을 통해 온 몸의 신경조직을 움직이고 있지 않느냐 하는 게 필자의 생각이다.

그런데 경락은 동시에 신체 각 장기에서 발생하는 유독개스를 몸 밖으로 내어 보내는 회로(廻路)도 겸하고 있다는 것이 역시 필자의 생각인 것이다.

경락(經絡)을 요가에서는 4차원 에너지가 흐르는 회로라고 했고, 침술이나 지압에서는 생명의 기운이 통하는 곳이라고 했는데 기(氣)란 바로 전기일 수도 있고, 개스 또는 악기(惡氣)라는 뜻도 될 수 있다는 것이다.

경락은 일단 생명이 떠나면 소멸되어 버리기 때문에 해부학상으로 이의 존재를 입증할 수 없으나 가까운 일본에서는 몇 사람의 공학자(工學者)들이 살아 있는 사람에게서 경락을 측정할 수 있는 기계를 발명했다는 이야기가 있다.

경락에 유독개스가 충만되면 동물 전기의 흐름에 장해가 생기고, 그 결과 필연적으로 신경조직에 변화를 가져오며 나

아가서 그 부분의 장기에서 혈액순환이 원활하지 못하게 된다.

　사람의 신체 기관은 전체가 혼연한 조화를 이루어 움직이게 되어 있는데 어느 한 중요한 기관에 고장이 생기면 그 여파가 다른 기관에도 파급되게 마련이다.

　몸 안의 중요한 기관이 두 곳 이상 정상 가동하지 않게 되면 육체를 통하여 작용하고 있는 생명자장(生命磁場)에 큰 변동이 오고, 인체전압(人體電壓)이 저하된다.

　이런 변동이 계속되면 어느 시기에 가서, 육체의 생명자장이 깨지게 된다.

　이것은 육체가 더 이상 전자파 에너지 생명체를 육체 안에 붙잡아 둘 수 없게 된 상태인 것이다.

　이때 육체의 생명자장을 통해, 에너지의 공급을 더 이상 받을 수 없는 에너지 생명체인 영혼은 육체에서 탈출하게 된다.

　이것이 바로 우리가 흔히 말하는 죽음이라는 현상이다.

　육체에 고장이 생겼을 때, 무조건 수술로 떼어 내기를 잘하는 현대의학은 필자가 보기에는 절름발이 의학에 지나지 않는다.

　인간의 본질(本質)인 에너지 생명체의 존재를 처음부터 인정하려고 하지 않고, 생명체의 3차원세계에 있어서 도구에 불과한 육체가 곧 인간의 전부인 줄 크게 착각하고 있는데, 여기에서 하루 빨리 깨어나지 않는 한, 머지 않아 현대의학은 커다란 벽에 부딪치게 될 것이라고 생각한다.

　필자가 생각한 인간의 기원론을 논한다는 것이 너무 엉뚱한 방향으로 이야기가 빗나간 것 같아 다시 본론으로 돌아가런다.

본래의 인간은 아마도 육체를 갖지 않은 이른바 영체인간(靈體人間)이었고, 우리의 태양계가 아닌 다른 태양계에 속하는 생물이었을지도 모른다는 윌리엄슨 박사의 의견에 필자도 동감을 하는 것은 사실이지만, 그들이 단순히 육체단계의 경험이 필요해서, 그들의 유년기(幼年期)를 보내기 위하여 지구로 이주했다는 주장에, 필자는 조금 다른 생각을 갖고 있다.

처음부터 육체가 없는 전자파 에너지 생명체, 우리들의 상식으로 볼때, 신과 거의 같은 능력의 영체 인간들이 일부러 먼 곳에서 찾아와 조만간 죽어야만 하는 불편하기 이를데 없는 육체를 필요로 한 것은, 무엇인가 그들 나름대로의 절실한 요구가 있었기 때문이며, 단순히 수학여행 오는 기분으로 우리의 태양계를 찾아온 것은 아니리라는 이야기이다.

거기에는 우리가 알지 못하는 무엇인가 큰 비밀이 반드시 숨겨져 있는 것이 필자의 생각이다. 그 해답을 찾을 수 있는 방법이 있다.

그것은 인류에게 전해져 내려오는 종교의 교리(敎理)를 풀어보면 알 수 있다고 생각한다.

불교에서는 인간윤회설을 내세웠는데, 몸과 마음을 닦아서 우주의 섭리를 깨닫고 모든 욕망을 버림으로써 다시는 인간으로 태어날 원인을 만들지 않는 것을 큰 목적으로 삼고 있다.

기독교와 회교에서는 전능하신 창조주와 그 중계자로서 각각 예수 그리스도와 마호메트를 내세우고 있다. 이들 역시 인생의 목표는 창조주의 뜻대로 살아서 죽은 뒤에 천국으로 올라가는 것을 큰 목표로 내세우고 있다.

이런 종교들의 공통점은 인간의 영혼을 절대자 앞으로 데려간다는 데 있다.

그래서 이에 대해 필자는 다음과 같은 생각을 해보았던 것이다.

우리의 태양계가 아닌 어느 별나라에 뛰어나게 우수한 영체인간(靈體人間)들이 살고 있었다.

그들의 수명은 1억 년 정도인데, 수명이 다 되면 그들 개체(個體)는 몇 개로 나누어져서 신생아(新生兒) 상태로 되돌아가야만 했다.

1억년을 사는 동안에 얻은 경험과 지혜가 순식간에 없어지는 셈이다.

이런 생활이 반복되었는데, 그들 가운데는 자기의 수명이 다 되어 가는 것을 알게 된 순간, 스스로 자폭해서 소멸되어 버리는 경우가 집단적으로 발생했다.

처음에는 수효가 많던 이들 영체 인간들이 차차 멸종의 위기에 놓이게 되었다.

고민하던 나머지 장로(長老)들은 숙의한 끝에, 그들의 에너지 생명체를 물질계(物質界)로 전송(電送)해 1만년이나 또는 3만년에 걸쳐 수없이 윤회를 반복한 다음, 지혜로운 존재가 된 뒤 다시 회수해 오는 방법을 택하게 되었다.

1,2만년 동안에 수없이 많은 삶을 경험한 영체인간들은 충분히 지혜로운 존재가 될 수 있었고, 앞으로 남은 긴 여행을 뜻있게 보낼 수가 있지 않느냐는 생각이었다.

물질세계에서의 1,2만년에 걸친 생활은 그들이 영체인간으로서 1억년 동안 경험하는 것 이상의 것을 얻을 수 있으리라는 계산이었다.

이런 계획이 당초 생각했던 그대로 성공을 한다면 영체인간들은 실질적으로 수명이 1억년 가까이 연장이 되는 셈이

될 뿐더러 멸종의 위기에 처해진 그들의 수효를 늘여서 이 대우주의 지배자로서 존재할 수 있게 되는 셈이었다.

요가에서 이 우주는 물질계(物質界)·유계(幽界)·영계(靈界)·상념계(想念界)·신계(神界)로 되어 있다고 했는데 이것도 필자가 생각한 바에 의하면 영계인간을 물질계로 보내 되도록 짧은 시일 안에 완성된 영격(靈格)을 갖춘 존재로 훈련하여 본래의 세계로 데려가기 위해서 마련된 것이 아닌가 한다.

요가에서 인간이란 육신(肉身)을 쓰고 나타난 신의 분신(分身)이라고 했는데, 여기서 신이란 개념을 전자파 에너지 생명체로 바꾸어 놓으면 되는 것이다.

이 대우주(大宇宙)를 창조한 거대한 우주의식(宇宙意識)만이 당초에 존재했던 것이고, 그 우주의식이 수없이 형태를 바꾸어 온갖 형태의 생명체가 된 것이므로 모든 생명은 창조주와 직결되어 있다는 이론이 성립될 수 있는 것이라고 생각한다.

2. 퇴화를 거듭한 인간들

오늘날 대부분의 사람들은 인간을 원인(原人)이 진화된 것이라고 생각하고 있다. 그러나 필자가 여기서 인간은 진화한 존재가 아니라 오히려 퇴화한 존재라고 한다면 모두들 깜짝 놀랄 것이다.

인간이 본래 완전하던 상태에서 퇴화했다고 하는 주장이 어디까지나 필자 혼자만의 생각이기에 그것은 진리가 될 수 없다고 생각하기 쉬울 것이다.

과거 몇천년 동안 사람들은 지구가 평평하다고 생각해 왔고, 태양이 지구를 돈다고 반대로 생각했는데, 여기에 의심을 하지 않았었다.

그 시대에 그것은 진리였다고 할 수 있었다. 그래서 코페르니쿠스가 처음으로 지동설(地動說)을 주장했을 때, 사람들은 믿지도 않았을 뿐더러 오히려 그를 머리가 돈 사람이라고 생각했던 것이었다.

그 시대 사람들이 믿고 있었던 상식의 벽을 부수는 데는 많은 희생이 뒤따라야 했고, 또 오랜 시간이 필요했었다는 사실은 현대인들이 모두들 잘 알고 있다.

그러나 오늘날에도 그 누군가가 상식의 벽을 부수고자 할 때, 커다란 방해를 받게 마련인 것은 그때나 조금도 다름이 없다.

　오늘날 대부분의 사람들은, 인간은 육체가 인간일 뿐, 영혼 같은 것이 존재한다는 것을 믿지 않는다. 따라서 신의 존재도 대부분 믿지 않는다.

　어디 그뿐이랴. 오늘날의 대부분 사람들은, 인간에게 영혼이 있다는 것을 믿어 왔고, 신의 존재를 믿어 왔던 한 시대 전의 사람들을 미신을 믿었던 어리석은 사람들로 여기고 있는 데야 더 무슨 말을 하겠는가.

　내 눈으로 볼 수 없는 것, 귀로 들을 수 없는 것, 손으로 만져볼 수 없는 것은 곧 존재하지 않는다는 생각처럼 어리석은 미신은 없다.

　우리의 오관(五官)을 통해 알 수 있는 범위는 아주 좁다는 것을 우리는 알아야 한다. 우리의 눈은 자외선이나 적외선의 파장(波長)을 볼 수가 없다. 귀는 초음파나 전자파 진동도 듣지 못한다.

　지금 한 사나이가 조용한 자기 방 안에 앉아 있다고 하자. 그의 귀에는 자기 숨소리 외에 아무 것도 들리지 않지만 라디오를 켜면 당장 소리가 울려 온다.

　전파가 무수히 통과하고 있으나 우리가 오직 듣지 못할 따름인 것이다.

　박쥐는 초음파를 들을 수 있다고 한다. 자기 몸에서 발사하는 초음파가 어느 물체에 부딪쳐 돌아오는 것을 듣고 박쥐는 캄캄한 어둠 속에서 용하게 장해물을 피해 소리없이 날아 다닌다.

　꿀벌들은 10리 이상 떨어진 곳에 피어 있는 꽃향기를 맡고 꿀을 채취하러 날아간다. 암내 나는 개를 찾아 10리 밖의 수캐들이 모여 든다는 것도 우리 모두가 알고 있는 사실이다.

화재가 날 집이나, 그 지방에 홍수가 날 것 같으면 집 안에 살던 쥐들이 모두 이사를 간다. 개미떼들도 집을 버리고 안전한 곳으로 대피한다.

이런 예들은 인간보다 지능(智能)이 낮은 동물과 곤충들의 감각기관이 더 좋다는 이야기이기도 하지만 또한, 인간은 이 세계에서 일어나고 있는 모든 일들을 다른 기계의 도움 없이 완전히 알아낼 수 없는 불완전한 육체를 지니고 있다는 뜻도 된다.

내가 눈으로 볼 수 없고, 들을 수 없으니까 존재하지 않는다는 생각은 그것 자체가 잘못된 생각인 것이다.

한편으로, 인간의 감각기관(感覺器官)이 불완전하다는 것 자체가 어느 면에서 생각하면 창조주의 고마운 섭리라고도 생각된다. 모든 라디오 방송국의 전파방송이 직접 귀에 들리고, 육체를 지니지 않은 유령같은 것의 모습이 보이고, 그 소리가 들린다면 그 누구도 온전한 정신을 유지할 수는 없을 테니까 말이다.

필자는 이렇게 생각한다.

인간은 모든 사고작용(思考作用)을 관장하는 대뇌피질(大腦皮質)[이것은 흔히 신피질(新皮質)이라고도 부른다]이 다른 동물과는 달리 크게 발달하여 오늘날의 문명인(文明人)이 되었지만, 한편으로 잠재의식과 교감신경, 부교감신경, 자율신경을 관장하는 구피질(舊皮質)은 퇴화(退化)해 인간이 본래 원인(原人)시절에 가졌었던 다른 동물과 같은 여러 가지 초능력(超能力)은 상실하거나 그 흔적만 남게 되었다는 것이 필자의 주장이다.

자기가 살고 있는 주위의 환경과 우주를 관찰하고 여러 가지 기계문명을 이룩할 수 있는 사고작용은 발달되었지만 육체를 건전하게 지배하는 뇌의 메카니즘은 옛날 원시인에 비해 거의 형편없이 퇴화한 오늘날의 인간들은 마침내 인간은 육체만의 존재가 아니오, 사실은 그 영혼이 별개의 독립된 생명체라는 가장 기본적인 원리(原理)조차도 이해하지 못할 정도로 퇴화(退化)했다는 이야기이다.

3. 체질개선은 가능한가?

여기서 지난 1974년 10월호《북한》잡지에 실렸던〈우리는 누구인가?〉라는 글을 다시 소개해 보고자 한다.

필자가 발견한, 사람의 체질을 근본적으로 바꿈으로써 모든 질병을 물리칠 수 있다는 새로운 학설을 설명하기 위하여 우선 현대의학이 밝혀 놓은 사람의 대뇌(大腦)가 지닌 여러가지 작용과 기능을 설명하는 것으로부터 이야기를 시작해 보려고 한다.

사람의 뇌는 크게 나누어서 이른바 대뇌라고 불리는 신피질(新皮質)과 그 아내 부분을 차지하는 구피질(舊皮質)이라고 하는 부분과 뇌간(腦幹)이라고 하는 부분, 이렇게 세가지로 구분이 되어 있는데, 신피질은 모든 정신활동을 관장하고 구피질에서는 신체를 지배하는 일체의 본능적인 자율신경 계통의 일을 하고 있다고 한다. 이것은 바꿔 말해서 구피질은 잠재의식을 지배한다는 뜻 도 된다.

신피질의 뇌세포가 하나도 빠짐없이 정신을 통일해 명령을 하기 전에는 구피질을 움직이게 할 수 없다는 것도 오늘날 최면술을 연구하는 사람들에게는 이미 널리 알려진 상식에 속하는 이야기다.

필자가 완전한 공심(空心) 상태가 되어 일으키는 옴 진동

(振動)은 필자의 몸을 구성하고 있는 1천억 개의 세포를 전부 진동시키면서 굉장한 전자파 진동을 일으키게 되는데, 이것이 진동에 약한 뇌세포, 그 중에서도 구피질에 큰 자극을 주면 현재의 위축 퇴화된 상태에서 본래의 완전한 형태로 돌아가게 해주는 것이다.

구피질이 본래의 모습으로 돌아가는데 필요한 시간은 환자의 체질과 병의 성질에 따라 다르게 마련인데, 빠른 경우에는 하루 이틀에서 늦은 경우라도 1개월 안에 큰 변화가 나타난다

따라서 필자의 연구원을 거쳐 간 환자들은 머리 모양이 조금씩 달라지게 마련이다. 가장 어린 나이는 생후 3개월에서 나이 많은 경우 70세가 넘는 노인도 두개골의 형태가 변한 예가 허다하다.

그러나 모든 사람들이 전부 변하는 것은 물론 아니다. 두개골이 처음부터 완전한 모양을 하고 있는 정상인의 경우에는(이런 사람은 매우 적지만) 아무런 변화도 일어나지 않는다. 또한 너무 병이 중태인 경우에도 이런 변화는 일어나지 않는다.

두 눈을 두 손으로 가볍게 누르고 필자가 옴 진동을 일으키면 대부분의 환자들은 감은 두 눈 앞이 환해지는 것을 느낀다.

다른 영혼이 빙의(憑依)된 경우에는 낯선 사람의 모습이나 그 밖에 이상한 불빛이 보이기도 한다. 그러나 아무리 두 눈을 누르고 옴 진동을 일으켜도 눈 앞이 캄캄한 사람이 있다. 흔히 속담에서 말하는 절망을 뜻하는 '눈 앞이 캄캄한' 경우이다.

이런 환자는 이미 구피질의 기능이 어느 정도 마비된 사람

이라고 보아야 한다. 이른바 체질개선을 하기에는 시기가 너무 늦은 사람이다.

신피질이 사람의 모든 정신활동을 관장한다면 구피질은 생명력을 관장하는 부분이요, 우주 어느 곳에서부터인지(아마도 영계(靈界)에서부터이기가 쉬울 게다) 인체로 흘러 들어오는 생명전자파를 받아서 그것을 5볼트 정도의 동물전기로 바꾸어 인체의 모든 신경조직을 움직이게 하는 기관이 바로 구피질과 그 속에 포함되어 있는 송과체(松果體)가 아니냐 하는 것이 필자의 새로운 학설이다.

또 한 가지 현대의학이 밝혀 놓은 새로운 지식에 의하면 사람은 누구나 9개월에서 12개월 사이에 심장의 세포만 빼놓고는 모든 몸의 세포가 완전히 바뀐다고 한다.

한편 필자가 얻은 직관(直觀)에 의하면, 임신한 부인은 그 자궁에서 특수한 전자파 진동을 일으키기 때문에 지구자장(地球磁場)의 영향에서 벗어나 일종의 무중력상태(無重力狀態)를 만들어서 태아의 발육을 크게 촉진시키고 있는 게 아닌가 한다.

무엇 때문에 이런 이야기를 하느냐 하면, 모든 물질은 저마다 그 물질의 고유한 진동을 갖고 있다는 것, 어떻게 보면 그 진동의 차가 물질의 성질상 차이를 만드는 게 아닌가 하는 것을 말하기 위함이오, 또한 그렇다면 인공적인 특수한 전자파 진동을 가해 줌으로써 물질의 기본구조를 바꿀 수도 있지 않나 하는 생각을 말하기 위해서다.

일반 물질의 경우는 우선 덮어 두고, 인간의 육체에 대해 살펴보기로 한다면 인간의 육체 세포는 다른 모든 물질과 마찬가지로 지구의 자장(磁場) 안에 놓여 있는 만큼 객관적인 시간감각과 세포가 느끼는 시간감각은 보통 경우 같은 것이 당연하지만 인공적인 특수한 전자파 진동을 가해 주면 그 충격을 받은 육체세포가 느끼는 모든 시간감각을 더 빨리 해줄 수도 있을 것이고, 또 경우에 따라서는 그 반대일 수도 있다.

이것은 하나의 짐작에 지나지 않는 것이긴 하나, 필자로부터 시술을 받는 30분 동안에 정상적인 상태에서 한 달에 해당되는 시간의 흐름을 피시술자(被施術者)의 몸의 세포는 경험을 하게 되는 게 아닌가 한다.

인체세포에서 발생시킨 특수한 전자파 진동을 피시술자의 구피질에 가해 줄 때 구피질은 잠에서 깨어나서 맹렬한 활동을 하게 되기 때문에 그 결과 두개골의 모양이 바뀌게 되는 게 아닌가 한다.

이야기가 너무 전문적으로 치우쳐 어려워진 느낌이 있기에 여기서 간단하게 체질개선의 원리를 설명하고 결론을 내릴까 한다.

인체의 뇌 속에 있는 구피질이 완전히 작용하게 되면 우주에서 오는 생명전자파를 받아서 강력한 전류를 발생시켜서 몸안의 경락에 흘려 줌으로써 몸 안에 자칫하면 축척되기 쉬운 일체의 유독개스를 몸 밖으로 내보낼 수 있는 그런 몸으로 바뀐다는 게 필자의 현재 믿고 있는 생각이다.

그렇게 되면 체질개선이 된 사람은 그렇지 않은 사람보다 공해(公害)에도 피해를 덜 입을 수 있으며 따라서 요즘 유행하는 공해병에도 면역성을 지니게 되지 않겠나 생각한다.

또한 체질개선(사실은 본래의 체질로 돌아간 것임)이 된 사람은 여러 종류의 눈에 보이지 않는 에너지를 직접 흡수할 수 있는 특수한 체질로 변하게 된다.

4. 길은 여러 갈래가 있다

하나의 산을 정복하는 데도 여러 가지 길이 있다.
동서남북 여러 방면에서 올라가서 산꼭대기에 다다르는 방법도 있고, 헬리콥터를 타고 공중에서 산 위에 내리는 방법도 있다.
필자가 연구 개발한 새로운 체질개선법을 시술받아 체질을 바꾸는 방법도 있으나 본인 스스로의 노력에 의하여 뇌의 구피질(舊皮質)을 가동시키는 방법도 여러 가지가 있다.
그 중 제일 쉬운 방법의 하나가 진동법(振動法)이다. 갓난애들이 누워서 손과 발을 가동시키는 방법도 여러 가지가 있다.
그 중 제일 쉬운 방법의 하나가 진동법(振動法)이다. 갓난애들이 누워서 손과 발을 마구 진동할 시기에는 좀체로 병에 걸리는 일이 없다.
손과 발을 진동하면 몸 안의 피의 흐름에 차이가 생긴다. 이것은 같은 몸 안에서 동물전기의 전압의 차이를 일으키게 됨으로써 척추를 중심으로 해서 일종의 전자파진동(電磁波振動)을 일으키게 된다. 그 결과 뇌의 구피질이 완전히 그 작용을 다하게 된다. 다시 말해서 일체의 자율신경과 교감신경, 부교감신경이 정상적으로 완전가동을 하게 되면 몸에 조성된 언밸런스는 시정이 되게 마련이다.

　병든 사람이 자기의 힘으로 건강을 되찾는 데는 굉장히 효과가 있는 방법이긴 하나, 구피질을 원상복구시키느냐 여부에 대해서는 의문이 많다.

　선도(仙道)에서 주장하는 단전호흡법(丹田呼吸法)에 의하여 인체 안에 장치되어 있는 일곱 개(사실은 두 손바닥까지 치면 9개)의 챠쿠라[요가]에서 말하는 척추의 내분비선)를 개발하여 영능력자 또는 초능력자가 되는 방법도 있다.

　이 밖에도 정신을 수양하여 믿음을 굳게 함으로써 그 결과 몸을 초인으로 변하게 하는 방법도 있다. 하여튼 길은 여러 가지가 있는 것이 분명하다.

5. 초인(超人)이 되는 길

'내 성전(聖殿)을 헐었다가 사흘만에 다시 세우리라.'
 십자가에 못박혀 돌아가시기 전에 그리스도께서 하신 말씀이다. 이 말씀을 듣고 이스라엘 사람들은 모두 그리스도를 비웃었다.
 예루살렘의 성전(聖殿)을 어찌 그리스도 혼자의 힘으로 허물 수 있으며, 더구나 사흘만에 다시 세우다니 있을 법한 일이 아니지 않느냐는 것이었다. 그러나 그리스도께서 말씀하신 뜻은 달랐다.
 성전이란 우리의 신성한 영혼인 에너지 생명체가 깃들인 우리의 육체를 뜻하는 것이었고, 이 말씀은 당신의 부활을 예언하신 것이었다.
 우리의 육체는 과연 성전일 수 있을까?
 필자는 그렇다고 생각한다. 우리는 무엇을 먹고 사느냐 하는 가장 단순한 질문에서부터 이야기를 시작해 보자.
 우리가 먹는 음식은 따지고 보면 땅 속에 들어 있는 여러 가지 원소(元素)가 그 형태를 바꾼 것에다가 태양 에너지가 포함된 것이라고 할 수 있다.
 입 안에서 분비되는 타액과 위에서 나오는 소화액, 그 밖에 간에서 나오는 분비물들이 섞여서 소장에 이르면 음식 속에 내포된 에너지가 하나의 기체 형태로 분리되어 나온다.

소장벽에서는 이 에너지를 흡수해서 간으로 보내고 나머지는 대장(大臟)으로 이동시킨다.

간으로 보내진 순수한 에너지는 간이 지니고 있는 미지(未知)의 작용에 의해 여러가지 형태의 영양소로 바뀌어서 신체 각 기관에 보내지고, 일부는 에너지 자체의 순수한 형태로 뇌로 보내진다.

한편 대장으로 내려온 음식물에서는 수분을 흡수하고 나머지는 변으로서 몸 밖으로 배설된다.

이 과정을 살펴보면 인간이 필요로 하는 것은 음식 속에 들어 있는 에너지이지, 음식물을 구성하는 물질 자체는 아닌 것을 알 수가 있다.

결국 우리의 육체란 음식 속에 들어 있는 에너지를 분리 흡수하는 화학공장, 그러니까 이를테면 일종의 광석들을 제련하는 용광로 비슷한 것임을 알 수가 있다.

여기에서도 인간의 육체는 그 도구일 뿐, 인간의 본질(本質)이 아님을 알 수 있지 않나 생각한다.

또한 인간의 본질이 '전자파 에너지 생명체'인 영혼이라는 필자의 설이 한낱 잠꼬대가 아님을 알 수 있을 줄 안다. 그러나 사람들이란, 이미 존재하는 것은 그것이 아무리 이상스러운 것이라고 해도 의문을 느끼지 않게 마련이다.

인간이 어떻게 살아 가고 있느냐에 대해서 아무런 의문을 느끼지 않는다면 영원히 인간이 지니고 있는 육체와 정신(곧 영혼이라고 해도 좋다)의 비밀은 알 수가 없게 될 것이다.

한편, 우리는 우리 주위에 있는 손에 잡히는 것은 무엇이나 다 물질로 생각하지만 사실 엄격한 뜻에서 물질이란 존재치 않는다는 게 필자의 생각이다.

물질을 세분해 들어가면 나중에는 소립자가 된다. 그런데 이 소립자는 이미 우리가 알고 있는 물질과는 그 개념이 전혀 다른 존재이다.

우리 눈에 보이고 잡히는 온갖 물질이란 따지고 보면 우주 에너지가 일정한 모양으로 응집한 것에 지나지 않는다.

여기서 불가(佛家)에서 말하는 '색시공(色是空)'이라는 말이 진리임을 알 수가 있다.

눈에 보이는 것은 모두 그 형태가 변하게 마련이다. 물질이 분명히 존재한다면 그것은 변할 수도 없고 또 없어질 까닭도 없다. 그러나 물질이란 본래부터 우주 에너지가 형태를 바꾼 것이기 때문에 세월이 흐르면 본래의 모습인 에너지로 돌아가게 마련이다.

태양열 에너지가 그 형태를 바꾼 음식이 우리 몸 속에 들어가 다시 에너지로 환원이 되고, 이 에너지가 우리의 목숨을 유지시켜 주는데, 만일 우리가 불순물이 섞이지 않은 순수한 에너지〔도가(道家)에서 우주는 기(氣)로써 이루어져 있다고 했다. 이 기(氣)는 '우주 에너지'를 뜻한다〕를 보급받고 음식의 분량을 줄인다면 우리는 훨씬 건강해질 수 있다.

알몸이 되어서 하는 요가 호흡법과 체조는 바로 피부로 이 기(氣)를 빨아들이고 정신적으로는 자기가 완전한 존재임을 암시해 주는 특이한 운동이다.

아침마다 5분 동안 단전호흡을 실시하면 아침 식사가 덜 먹힌다.

다른 운동은 에너지가 소모되기 때문에 밥이 더 먹히지만 요가의 아사나 운동은 기(氣)로써 에너지를 보충해 주기 때문에 밥이 덜 먹힐 뿐더러 피부를 통해 충분히 빨아들이는 여분의 산소가, 음식이 에너지로 변하는 과정에서 완전 연소

작용을 해주기 때문에 오랫동안 운동을 계속하면 몸에서 노폐물질이 빨리 배설되어 건강해지고 젊어진다.

현대인은 걷지 않기 때문에 병이 생긴다고 한다. 이것 역시 옳은 이야기이다. 우리의 하반신은 일종의 발전기 구실을 하고 있다. 우리는 누구나 걷고 있지만 올바른 보행법을 알고 있는 사람은 거의 없다.

올바르게 걷는다는 것은 하체에서 제대로 인체전기(人體電氣)를 발전할 수 있도록 걷는다는 뜻이다.

인체에서 발전을 하면 그 에너지는 인체 세포라는 수없이 많은 작은 밧테리와 무라다라·챠쿠라(척추 맨 끝의 챠쿠라)에 축전이 되는 한편, 뇌세포의 신진대사를 왕성하게 해줌으로써 뇌의 기능발달을 촉진시킨다.

영국의 귀족 집안에서 어렸을 때, 학교에 보내지 않고 집에서 가정교사를 두고 가르치는 과목 가운데 이 보행법이 중요한 부분을 차지하고 있는 것은 바로 여기에 이유가 있지 않나 한다.

엘리트를 만드는 교육 가운데 올바른 보행법을 익히는 것은 빠뜨릴 수 없는 과목이기 때문이다. 자동차가 저속으로 달리면 밧테리의 전기를 소모하지만 고속으로 달리면 반대로 충전이 된다. 사람의 몸도 이와 마찬가지라고 생각하면 틀림없다. 올바른 보행법을 익혀서 빨리 걸으면 발전(發電) 현상이 일어나 오히려 피곤이 풀린다. 알피니스트들은 이런 원리를 누구나 체험적으로 잘 알고 있다. 우리는 다리에 필요 이상으로 힘을 주어 걸어서는 안된다. 두 다리에는 되도록 힘을 빼고 단전(丹田)에 몸의 중심이 가도록 허리로 걸어야만 한다. 다리의 힘을 빼고 허리에 힘을 주어 걸으면 몸이 가볍게 앞으로 나간다.

여기에다가 두 팔을 앞뒤로 세차게 흔들면 몸은 떠다밀리듯이 앞으로 가볍게 나간다.

여기에다가 호흡법을 병행하면 더욱 효과가 있다. 숨을 쉬고 다음에는 하나에서 일곱을 세는 시간 동안 숨을 멎고 이어서 같은 시간 숨을 내쉰다.

이렇게 하면 호흡이 길어진다. 폐로 들어오는 공기의 분량도 많아진다.

가장 바람직한 것은 1분 동안에 4,5번 정도로 숨쉬는 시간을 길게 잡는 것인데, 평소의 생활이 되면 더욱 좋다.

비올 때, 이런 모양으로 걸으면 물은 옆으로 튀고 구두 뒤축은 똑같이 닳게 된다.

모든 자연의 동물들은 직선으로 걷는다. 사람도 짐승들의 보행법을 본받아 직선으로 걸으면 척추뼈가 올바른 형태가 된다.

올바른 호흡법과 보행법으로 인체에서 스스로 발전(發電)하는 법을 터득하면 잠들었던 구피질(舊皮質)의 미지(未知)의 부분에 속하는 세포가 활동을 시작하게 되어 여러 가지로 신비스러운 능력이 생겨난다.

거듭 말하지만 송과선(松果腺)이 완전히 기능을 하게 되면 텔레파시 능력이 생겨나며, 남의 마음을 읽을 수 있고 불가(佛家)에서 말하는 '숙명통(宿命通)'의 신통력도 얻을 수 있게 된다.

하는 일 자체가 유계(幽界)의 법칙을 범하는 일이 되는 것다. 그 법칙을 어기면 영 자신이 더 고통스러운 유계의 수을 쌓아야만 되는 것이다.

도사는 그 일을 중국 군인의 영에게 간곡히 타이르고

6. 제3의 눈

사람은 누구나 두 개의 눈을 가지고 있다. 그러나 엄밀히 따지고 보면 두 눈은 렌즈 작용을 할 뿐, 보고 판단하는 것은 시각신경(視覺神經)이다. 그러기에 시신경(視神經)을 다치게 되면 눈뜬 장님이 된다.

여기까지는 누구나 다 아는 이야기거니와, 불교의 한 종파에 속하는 밀교에서는 사람에게 누구나 제3의 눈이 있다는 것을 주장하고 있다. 눈과 눈 사이인 미간(眉間)에 있다는 '제3의 눈'을 이른바 영안(靈眼)이라고도 한다.

그리하여 제3의 눈이 완전히 떠진 사람은 과거와 미래를 볼 수 있다고 했다.

대낮에 해빛이 밝을 때 하늘을 우러러보면 파아란 하늘이 보일 뿐, 별빛은 볼 수가 없다. 그렇다고 별들이 사라진 것은 물론 아니다. 너무나 눈부신 햇빛때문에 안 보일 뿐이다.

이와 마찬가지로 우리가 평소에 두 눈을 뜨고 볼 때, 우리는 우리 눈으로 보이는 세계만 보게 되고, 그 육안으로 보이는 세계가 전부인 것으로 착각하기 쉽다.

그러나 두 눈을 감고 '제3의 눈'으로 볼 때, 현실인 물질세계 뒤에 가려진 또 하나의 세계를 볼 수 있다고 하면 아마도 사람들은 웃으리라.

'제3의 눈'이 있는지 조차도 알 수 없는데 무슨 미친 수작이냐고 하기가 쉬울 것이다.

필자가 우리 모두에게 제3의 눈이 있다는 사실을 누구나 확인할 수 있고, 또 그 눈을 뜨게 하는 방법을 최근에 발견했다면 역시 독자 여러분들은 웃을 것이다. 그러나 인내심을 가지고 필자의 이야기를 들어주기 바란다.

아침에 일찍 일어나 돋아오르는 태양을 향해 손바닥을 펴서 가리고 그 손등에서 10센티 떨어진 곳을 두 눈을 감고 보라. 감은 눈 속, 두 눈썹 사이에 태양이 보인다. 그러나 그 태양의 빛은 평소 육안으로 볼 때와는 아주 다르다.

또 태양은 하나도 아니고 여러 개로 보인다. 또 움직인다.

태양을 손등 너머로 두 눈을 감고 보는 시간이 처음 한 달 동안은 길어도 7초를 넘으면 안된다.

태양에서 방사(放射)되는 방사선 에너지를 처음부터 많이 쐬는 것은 위험한 일이기 때문이다.

손바닥 한가운데를 통하고 경락을 거쳐서 뇌의 구피질에 작용하는 태양 에너지는 송과체(松果體) 안에 있다고 생각되는 뇌사(腦砂)에 특수한 영향을 주어 불가에서 말하는 사리(舍利)가 형성되는 게 아닌가 필자는 생각한다.

이 사리가 형성되면, 우주에서 발생되는 여러가지 파장(波長)의 우주선(宇宙線)을 흡수하고, 뇌의 구피질에 급격한 변화를 일으켜 그동안 평범했던 인간이 초인(超人)으로 변모된다고 필자는 생각한다.

또, 사리는 일종의 검파기(檢波器) 같은 구실도 하기때문에 여러 가지 텔레파시 능력도 생겨날 수 있다고 본다.

또한 그뿐만이 아니다.

구피질의 기능이 완전히 발달하면 몸의 신경조직이 강화

되어 혈액순환이 좋아지면서 몸 안에 축적된 노폐물질이 신속히 몸 바깥으로 배출된다.

그러니까 이른바 신진대사가 왕성해져 그때까지 앓던 사람은 신체의 자연치유력이 크게 강화됨으로써 건강을 되찾게 된다는 이야기이다.

여기서 우리 인체가 기능하는 과정을 다시 한번 간단하게 정리해 본 다음 설명을 계속하기로 한다.

인간의 마음이 건전해 자연질서에 순응하는 생활을 하면 구피질에 대하여 대뇌(신피질)는 쓸데없는 간섭을 하지 않는다. 따라서 몸의 모든 기관은 구피질의 명령대로 움직이게 마련이니까 자연의 섭리를 지키게 되어 몸과 마음이 아울러 건강하다.

그러니까 인간에게 여러 가지 질병이 발생하는 것과 능력의 저하를 가져오는 것은 모두가 마음에 그 원인이 있다고 할 수가 있다. 그러나 특수한 방법으로 구피질의 기능을 완전에 가깝게 개발시키면 반대로 건전해진 몸의 기능에 의해 마음이 영향을 받게도 될 수 있다는 게 필자의 소견이다.

여기서, 다시 태양을 보는 이야기로 화제를 바꾸기로 한다.

점차 훈련이 개발되어 제3의 눈의 시력이 좋아지면 손을 필터(Filter)로 쓰지 않고 그냥 두 눈을 감고 보아도 진한 연두빛이나 또는 진초록 색으로 빛나는 태양이 보인다.

우리의 육안으로 보는 태양은 우리의 육체의 부분에 해당되는 태양이고 눈을 감고 보는 태양은, 다시 말해서 마음의 눈인 제3의 눈으로 보는 태양은 사람으로 말하면 유체(幽體) 또는 영체(靈體)에 해당되는 태양의 참모습이 아닌가 필자는 생각한다.

또한, 얼마 동안 계속해서 두 눈을 감고 보고 있으면 진초록으로 빛나는 태양이 회전하면서 차차 작아지다가 나중에는 안 보이게 된다.

이것은 무슨 까닭일까? 필자는 이에 대하여 여러 자지 연구한 끝에 한 가지 결론을 내릴 수가 있었다.

그것은 뇌의 송과체(松果體)에 충전이 끝나면 제3의 눈이 닫혀져 태양에서 오는 에너지를 거부하게 되는 것이 아닌가 하는 것이다.

또한 몸이 지나칠 정도로 건강한 사람은, 아무리 두 눈을 감고 태양을 보아도 아무것도 안보이는 경우가 있다. 이것은 이미 구피질에 충분히 충전되었기 때문이 아닌가 싶다.

태양에서 오는 에너지를 손바닥의 심포경(心包經)을 통해서 뇌의 구피질에 충전하고 나면 몸이 가벼워지고 힘이 넘쳐 흐르는 것을 느낄 수가 있다.

그렇다고 해서 에너지를 받아들이기만 하고 쓰지 않는다면 오히려 피곤하게 되고 간을 상하게 할 염려가 있다. 사람의 몸이란 항상 균형의 유지가 중요한데, 힘을 너무 지나치게 많이 축적하고 사용하지 않으면 오히려 건강에 해로운 것이다. 손바닥을 아래로 향하게 하고 힘을 주면 에너지는 다시 빠지게 된다.

이런 훈련을 오래 계속하면 두 눈을 똑바로 뜨고도 하늘에 떠 있는 태양을 볼 수 있게 된다(훈련이 되어 있지 않은 사람이 이런 짓을 하다가는 결막염을 앓게 되고 잘못하면 아주 눈이 멀게 가능성도 있으니 조심하기 바란다).

나중에는 두 눈을 뜨고도 태양의 둥근 모양을 직시(直視)할 수 있게 된다. 마음의 눈이 열리고 강화되면 우리 두 눈의 시력도 강화되고 눈에선 빛이 나게 된다.

심한 근시(近視)로, 썩은 생선 눈알 같은 인상을 주는 사람은 너무 눈 앞에 닥치는 일만 보고 사실을 있는 그대로 똑바로 보지 못하고, 먼 앞날을 관조(觀照)하지 못하는 경향이 있는데 이런 성격상의 결점을 시정할 때도 좋은 방법이 아닌가 한다.

육안과 영안(靈眼)은 서로 밀접한 관계가 있기 때문에 마음의 눈이 열리고 강화되면 육안도 좋아질 것은 너무나 당연한 일이라고 필자는 생각한다.

요가 철학에서는 인체에 7개의 챠쿠라가 있고, 척추 밑에서 잠자고 있는 군다리니의 영화(靈火)를 깨워서 7개의 챠쿠라에 차례로 불을 붙이면서 맨 위의 챠쿠라까지 개발되면 초인이 된다고 했다.

그러나 필자가 알기에 두 손의 장심(掌心)도 중요한 챠쿠라라고 생각되며 이 두 개의 챠쿠라를 개발하면 불가시(不可視)의 태양 에너지를 장심(掌心)을 통해 빨아들여 뇌의 구피질 부분에 있는 퇴화된 곳을 다시 개발할 수 있다고 믿는다.

왜냐하면 필자 자신이 얼마 전까지만 해도 평범하기 이를 데 없는 사람이었는데, 앞에서 제시한 그런 방법으로 전에는 꿈에도 생각지 못했던 여러 가지 초능력을 개발하여 매일 같이 필자를 찾아오는 많은 사람들에게 큰 도움을 주고 있을 뿐더러 필자의 지도를 받아 초능력자가 된 사람들도 많은 것이 사실이기 때문이다. 옛날 도인(道人)들은 엄격한 금욕생활을 통하여 저장한 생명력(쉽게 말해서 생식능력에 쓰여지는 에너지)을 이용하여 뇌를 개발했고 그것이 오늘날 요가와 밀교(密敎)의 형태로 전해 내려오고 있는데, 이것은 보통 사람으로서는 큰 희생을 요구하는 일이므로 거의 불가능에 속하는 일이라고 생각된다.

더구나 그런 방법은 오랜 시일과 요즘의 우리 생활에서는 거의 불가능에 가까운 고행(苦行)을 통해서만 이루어지는 것이기 때문에 일반성은 없다고 생각된다.

하지만 필자가 발견한 태양광선(하늘에 걸려 있는 거대한 원자력 발전소)을 이용해 100일에 걸쳐 제3의 눈을 완전히 기능하게 하면 위에서부터 아래로 내려가면서 순차적으로 챠쿠라를 순서적으로 눈뜨게 할 수 있다. [요가나 밀교의 가르침에 의하면, 챠쿠라는 군다리니에서부터 시작해 군다리니의 영화(靈火)가 척추 위로 올라가면서 차례로 챠쿠라의 기능을 나타내게 하는 것으로 되어 있는데, 필자의 연구한 방법은 그 반대가 되는 셈이다.]

한편, 사람의 두 손바닥 한 가운데 있는 장심(掌心)으로 태양 에너지를 흡수하고, 입에서 옴 진동을 일으키면서 온몸의 기운을 경락을 통하여 순환시키는 특수한 기순환(氣循環) 체조를 매일하게 되면 몸 안의 노폐물질이 이때 일어나는 전자파 진동에 의해 연소 기화(氣化)하여 손바닥과 발바닥으로 빠져 나가는 특이한 체질로 변한다.

이렇게 체질이 변화되는 과정에서 일어나는 현상은 다음과 같다.

심한 갈증때문에 물이 많이 먹힌다. 가스가 항문으로 나오고 대변이 검은 색을 띠게 되며 냄새가 고약하다(이것은 숙변이 전부 나온다는 것을 뜻함이다). 밥이 먹히지 않으며 체중이 감소된다. 그리고 손바닥에서 '만수향'을 태울 때와 같은 이상한 향내가 난다.

특히 아침에 눈 떴을 때 더 심하다. 이 향내는 몸의 피하지방산이 연소하는 과정에서 생기는 냄새이다. 이 냄새가 좀더 심해지면 화장터의 시체 태우는 냄새와 비슷할 것이다. 그런데, 이런 과정을 통해 우리의 유체(幽體)가 강화되는 게 아닌가 한다.

우리의 육체가 물질체인 반면, 유체는 일종의 에너지체라고 할 수 있는 만큼, 물질을 섭취하는데 힘을 쓰지 않고 순수한 에너지를 흡수하는데 더 많은 비중을 두면 곧 유체가 강화될 것은 너무나 당연한 일이기 때문이다.

옛날의 신선도(神仙道)는 일체의 익은 음식을 폐지하고 생식(生食)을 하는데, 나중에는 우주에 충만된 기(氣)만으로 몸을 지탱하게 되면 살아 있는 동안에 점차로 육체는 희박해지고 에너지체인 유체(幽體) 자체가 보통 사람의 육체와 같이 변한다고 했다.

필자는 처음에 이런 이야기를 도대체 무슨 뜻인지조차도 이해하지 못했지만 지금은 타당한 생각이라고 본다.

결국 그러니까 살아 있는 동안에, 죽은 뒤에 갖게 될 유체 자체를 농밀한 육체와 같은 형태로 바꾼 선인(仙人)은 미리 죽어 버린 것이나 다름없다고도 할 수 있고, 따라서 살았으되 죽은 것과 같고, 죽었으되 살아 있는 것과 같은 상태로 정착된 것이 아닌가 생각된다.

7. 장풍(掌風) 이야기

　어머니 손은 약손이라는 옛말이 있다. 또, 현대의학이 밝힌 바에 의하면 장티푸스균도 손바닥 위에서는 1분 이상 생존할 수가 없다고 했다. 또 요즘 유행하는 중국 무협 영화에서도 장풍(掌風)이라는 손에서 회오리바람을 일으켜 적을 쓰러뜨리는 장면을 흔히 본다.
　누구나 이런 영화를 보았을 때, 과연 이것이 정말 있을 수 있는 일이냐 하는데 대해서 의아심을 품게 될 것이다. 그러나, 필자는 이것이 모두 사실이라고 믿는다.
　장풍(掌風)이라는, 다른 나라에서는 도저히 찾아볼 수 없는 특수한 무술(武術)이 발달된 데는 다 그럴 만한 이유가 있었다고 생각되기 때문이다.
　중국에서는 난세(亂世)가 끝나고 단일 국가로서 통일이 되면, 우선 정부에서는 무엇보다도 앞서 민간에 널려 있는 무기부터 압수했다는 설이 있다.
　세상은 아직도 뒤숭숭한데 자기의 몸을 지킬 무기를 빼앗긴 민간인들은 자연히 자기의 몸 자체를 단련시켜 무기로 만드는 특수한 무술을 개발시켰다고 한다.
　언제나 필요는 발명의 어머니라는 진리가 바로 이것이라고 생각된다. 사람은 누구나 손바닥 한가운데 눈에 보이지 않는 기혈(氣穴)이 있는데, 대개의 경우 제 구실을 하고 있지 못한 것이다.

손바닥 한가운데 자리하고 있는 이 기혈은 급소 가운데서도 급소여서 침도 놓을 수 없는 곳이다.

왜냐하면 이곳은 바로 심장의 우심방(右心房), 좌심방(左心房)과 직결되어 있는 곳이기 때문이다.

한편 앞에서도 이야기한 바와 같이, 사람은 누구나 자기도 모르게 우주 에너지를 받아들이고 있다. 그러나 장풍을 수련하는 이는 자기의 몸을 거대한 태양 에너지 축전지로 만드는 특수훈련을 받아야 한다.

또한 자기 몸 속에 축전된 에너지가 장풍으로 나갈 때는 두개골 꼭대기[이른바 백회혈(百會穴)]에 있는 제3의 입으로부터 신비스러운 우주 에너지가 흘러 들어오게 마련이다.

좌우 손바닥 중심에서 직경 3밀리 정도의 강력한 전리층(電離層)이 형성되면, 이 안에 갇힌 공기분자(空氣分子)는 이온화 하여 에너지로 변하고 그 안은 진공 상태가 된다.

다음 순간 전리층이 사라지면서 주위의 공기가 몰려 들어온다.

요즘 말하는 레이저 광선이 손바닥에서 뻗쳐 나간다. 길이는 길어도 70미터를 넘지를 못한다. 7미터 이내에서 정확히 급소를 맞으면 즉사를 면하기 어렵다. 그러나 이것을 막는 방법이 없는 것은 아니다.

스스로의 몸 주위에(오오라(後光)라고도 함) 강력한 전자(電子) 방어망을 쳐서 공격해 오는 에너지를 중화(中和)시켜 흡수해 버리면 된다.

우주력(宇宙力)을 완전히 지배할 수 있도록 두뇌 기능이 발달된 사람이 의식적으로 치는 오오라의 전자 방어망은 어떤 물리적인 힘으로도 이를 뚫을 수 없다고 한다.

우리가 잘 아는 청산거사(靑山居師)가 불 속에 들어가서 타죽지 않는 것도 바로 이 원리인 것이다. 이쯤 되면 고수(高手) 가운데서도 고수에 속하는 무인(武人)이다.

상대편에게 마음대로 공격을 시켜 발사되는 에너지를 흡수해 버리고 상대편이 지쳤을 때, 두 손을 길게 뻗쳐서 상대편 머리 주위에 전자방어망을 쳐서 우주 에너지가 흘러 들어가지 못하게 한 뒤 공격을 하면 이쪽은 쉽게 승리를 거두게 된다.

이 우주는 두 가지 기운, 곧 동양철학에서 말하는 음과 양이 지배하는 세계라고 할 때, 육체와 마음을 음의 상태로 만들면 우주 에너지가 빨려 들어오게 되고, 양이 되면 에너지는 흘러 나가게 마련이다.

'장풍'이라는 특수한 무술의 원리는 이상으로서 간단히 설명이 되었다고 보거니와 이런 무술을 실제로 터득하려면 특별한 훈련이 필요하다.

또한 장풍을 익히는데 필요한 열성과 노력을 조금만 기울이면 우리는 누구나 훌륭한 의사가 될 수 있다고 본다.

실제생활에서 별로 쓸모없는 무술을 익히기 위해 피나는 훈련을 하느니보다는, 장풍과 비교하면 훨씬 약하지만 손바닥에서 발산하는 전자파 진동에 의한 강력한 자기(磁氣)의 힘으로 난치병이나 불치병을 고치는 기술이 현대사회에서는 보다 바람직한 것이 아니냐는 것이다.

언제나 진리(眞理)는 가까운 데 있다고 했다.

우리는 몸의 건강을 위해서 사우나탕에도 가고 골프도 치고 하지만, 사실은 제일 가까운 곳에서 에너지를 공급받을 수도 있고, (다시 말해서 자연적인 방법이 아닌 다른 방법으로 인체 축전지에 충전(充電)시킨다는 뜻) 또, 몸에 축적된 노폐물질을 연소시켜 해소하는 구실도 할 수 있는 근원적인 힘을 이용하지 못하고 있는 게 사실이다.

그러면 그 근원적인 힘이란 무엇인가?

그것은 바로 우리가 매일 매일 볼 수 있는 태양 바로 그것이다.

물론 우리는 수동적으로 순간 순간마다 태양으로부터 많은 에너지를 공급받고 있지만 다만 적극적으로 받을줄 모르고 있을 뿐인 것이다.

인간이 태양을 바로 쳐다보지 못하는 것은 눈부시기 때문이기도 하지만, 그보다는 또 다른 이유가 있지 않나 한다.

그것은 정신적인 수양이 아직 부족한 사람이 태양 에너지를 지나치게 많이 받아 초인이 되는 것을 조물주께서는 반기지 않으시기 때문에 인간의 마음 속에 잠재적으로 태양을 바로 보지 말라는 암시가 주어진 게 아닌가 생각된다.

태양을 숭배한 고대 이집트 사람이나 고대 잉카 백성들은 분명히 이런 이치를 알고 있었던것 같기도 하다. 하기야 인간이 초인이 됨으로써 나타낼 수 있는 8대신통력(八大神通力) 가운데 석가모니불께서는 오직 정심정각(正心正覺)만이 바람직한 것이라고 말씀 하셨으니까 초인은 되어 무얼 하겠느냐 하면 이야기는 그것으로 끝이 나는 셈이다.

그런데, 현대에 사는 우리들에게 장풍 따위의 무술이 무슨 소용이 있을까 하는 생각이 드는 것도 사실이긴 하다. 그러나 의술로 전용된 장풍 터득은 분명히 바람직하다는 게 필자의 생각이라면 지나친 생각일까?

8. 원판인간(原版人間)과 한국인

우리가 사진을 찍으면 현상된 필름을 원판이라 하고 복사한 것을 사진이라고 한다. 누구나 사진하면 현상된 복사판을 뜻하지 원판을 사진이라고 생각하는 이는 없다. 원판은 대개 책상 서랍 속에 아무렇게나 넣어지게 마련이고, 복사판이 새로 필요하게 되기 전에는 원판을 찾는 법은 거의 없다.

우주의 본질로 보아서 영계(靈界)는 사진에 있어서의 원판에 해당되고, 우리가 살고 있는 이 세계는 현상된 복사판인 사진에 해당된다.

원판을 우리가 소홀히 아는데, 원판없이 사진을 만들 수가 없듯이, 이 현실 세계도 그 원판인 영계가 없이는 존재할 수 없다고 필자는 생각한다.

그런데 말이다. 지금 전세계 인구가 40억이 넘는데 이 인류에게 원판인간들의 집단이 존재한다면 그것은 누구일까?

전인류의 원판인 원형인간(原型人間)들이 모여 사는 곳은 우리 한국이 아닌가 하고 필자는 생각한다. 그 이유는 바로 이렇다. 현상된 세계인 물질세계에서는 원판들이 대우를 받지 못하고 있기 때문이다.

인간은 본래 착한 존재였기에 원판인 우리 한국인들은 아직 한 번도 이웃 나라를 침략할 생각을 하지 못했다. 요즘 한국인들은 일본사람들보다도 더 인내심이 많고 부지런하며 지독하다는 말을 흔히 듣는다. 그러면서도 우리들은 아직껏 이웃을 침략해 보지 못한 이 세계에서 하나밖에 없는 민족이다.

한국 민족은 단일민족(單一民族)이라는데 100명만 모여보아라. 흡사 세계의 인종들을 다 모아놓은 느낌이 들 만큼 그 외모와 골격이 다양하다. 검은 사람, 흰 사람, 붉은 빛을 띤 사람, 갈색 피부를 가진 사람, 생긴 모습도 가지각색이다.

우리들은 늘 습관이 되어서 여기에 대해서 아무런 의심도 느끼지 않지만, 외국인들은 그렇지가 않은 것이다. 영국 사람들 속에 프랑스 사람을 세 명만 섞어 놓아도 얼른 눈에 띠게 마련이다.

그러나 우리나라 사람은 그렇지가 않다. 얼마든지 다른 민족과 인종으로 둔갑할 수 있는 게 한국인이기 때문이다.

그래서 그런지 외국에 거주하는 한국인들은 대개 그 나라의 사회 풍토에 비교적 잘 적응한다.

우리나라 기후만 해도 그렇다.

봄·여름·가을·겨울 그러니까 상하(常夏)의 나라인 하와이의 기후에서 열대지방, 온대지방, 한대지방의 기후를 조금씩 다 갖고 있다.

한국민들이 개인적으로는 우수한 두뇌와 능력을 지니고 있으면서도 전체로서는 잘 단결이 안되는 것도 세계 여러 나라 인종들의 원판들을 전부 모아 놓았기 때문이라면 납득하기 쉬울 것이다.

이 이야기는, 한국민들이 진실한 뜻에서 완전 단합이 될 수 있다면 세계 모든 인류가 하나로 단결된 찬란한 고차원(高次元)의 지구문명(地球文明)을 꽃피울 수 있다는 의미도

되는 것이다.

남북한을 합해 7천만명의 한국민을 원판으로 하고, 한 사람이 70배로 늘어난 50억명이 전세계 인구라면 이건 정말 희한한 이야기가 아닐 수 없다.

앞으로 10년 동안 지금과 같은 가속도로 공해(公害)가 심해지고 거기에 대한 세계적인 규모의 대책이 서지 않는다면 인간의 유전인자(遺傳因子)에 중대한 변화가 일어나서 세계 인구는 급격히 감소될 가능성이 있다.

우선 남자의 출생률이 떨어질 것이고, 다음에는 여자도 태어나지 않게 될 것이다.

세계 인구학자들은 앞으로 인구 폭발이 일어나리라고 말하고 있지만 그것은 객관적인 환경을 무시한 단순하기 이를 데 없는 계산에 지나지 않는다.

인구는 어느 시점을 한계로 급속도로 줄게 될 것이다. 우선 복사판 인간들이 먼저 당하리라고 본다.

필자는 그동안 필자가 개발한 새로운 방법에 의해 많은 사람들의 체질을 개선시켰는데, 한국인·일본인·미국인·중국인·인도네시아인 등 여러 종류들의 사람들을 다루어 보는 가운데 한국인이 다른 민족과는 근본적으로 다르다는 점을 알았다.

가령 한 한국인의 예를 들어보자.

취장염에다가 간장·콩팥·자궁·위장·심장의 기능이 모두 정상이 아닌 부인이 필자를 찾아온 일이 있는데, 그녀는 겉으로 보아서는 건강한 사람이나 다름 없었고, 일상생활을 거의 아무런 지장없이 해나가고 있었다.

이 부인은 한 달 가량 시술을 받고, 그 뒤 두 달 동안 필자가 만들어 주는 자기(磁氣)를 띤 진동수(振動水)를 마시고 완쾌했다. 그동안 약이라고는 전혀 복용하지 않았다.

 이 부인은 병만 완쾌된 게 아니고 피부도 하얗게 되고 머리도 커지고 젊어지기까지 했다.

 이런 예는 이 밖에도 헤아리기 어려울 정도로 많다.

 외국인들은 이런 예가 없다. 이렇듯 여러 기관이 나빠지기 전에 그들은 이미 저승행 열차를 타게 마련인 것이다.

 그러니까 필자를 찾아온 외국인들은 본인들이 중병(重病)이라고 생각하고 있지만, 한국인 환자들과 비교하면 가벼운 증상에 불과했고, 대개 한 두번 시술로써 체질이 완전히 바뀌곤 했다.

 필자는 이런 경험을 통해서도 복사판 인간과 원판인간이라는 필자의 가설(假說)을 더욱 믿게 된 것이었다.

 요즘은 통 구경할 수 없는 이가 DDT에도 죽지 않는 신종(新種)이 있다는 이야기를 어디선가 들은 기억이 있다.

 환경에 적응하기는 인간도 역시 마찬가지라고 생각된다.

 1960년대 이후에 태어난 아이들을 보면 열 명 가운데 일곱 명은 그 체격과 두개골의 모양이 일정한 특징을 지니고 있다.

 몸은 여위었고 머리는 이른바 사방이 짱구다. 특히 양쪽 머리가 뿔처럼 솟아 있는 게 특징이고, 뒤통수가 유난히 둥글게 나와 있으며 전두엽(前頭葉)이 굉장히 발달이 되어 있고, 눈동자가 다르다. 그리고 음식은 아주 소식(小食)이다.

 이것은 콩팥 기능이 잘 발달되었다는 것을 말하는 두상(頭相)이고, 음식보다는 우주에서 쉴새없이 날아오는 생명전자파(生命電磁波)에 더 많이 의존하고 있다는 것을 말해 주는 체격이라고 필자는 생각한다.

 그러니까 공해(公害) 속을 능히 살아갈 수 있는 신품종의 인간들이 지금 우리나라에서 탄생한다는 이야기가 된다.
 필자에게서 일정한 기간, 시술을 받은 성인(成人)들이 이런 아이들과 비슷하게 머리 모양이 바뀌는 것으로 미루어 보아 필자는 더욱 자신의 판단에 확신을 갖게 된 것이다.
 이런 현상이 외국의 어린이들에게서도 찾아볼 수 있는지 여부를 필자는 모르고 있지만, 지금 우리들 주위에서 조용히 이변(異變)이 일어나고 있는 것만은 분명하다.
 가을이 깊어지면 들판을 메꾸었던 메뚜기의 떼는 사라진다. 그러나 그들의 유전인자를 간직한 메뚜기의 원판인 알들은 땅 속에서 안전하게 잠을 자면서 추운 겨울을 무사히 넘긴다.
 앞으로 오래지 않아서 원판 인간과 복사판 인간이 완전히 눈에 띄게 구별되는 날이 오리라고 필자는 믿는다. 복사판 인간들이 만든 현대의 물질문명은 이미 그 한계점에 이르렀다.
 서기(西紀) 2000년을 넘기지 못하고 멸망하리라는 것은 거의 확실한 이야기다. 날이 갈수록 심해 가는 공해와 자원 부족을 이겨낼 방도가 없기 때문이다.
 그들은 멸망이 눈 앞에 다가왔지만 세계가 하나로 단결하여 당면한 문제들을 해결할 생각을 하지 못하고 있다.
 이스라엘과 아랍의 예를 보면 알 수 있다. 조그만 시나이 반도를 두고 눈에 핏발을 세우고 싸우고 있는 것을 보면 흡사 정신병자나 백치의 집단같기만 하다.
 미국이 군사적으로 개입하면 그들의 유전(油田)을 폭발하겠다고 하는데 그렇게 되면 대기층의 산소가 전부 연소되어 인류는 순식간에 멸망하게 되어 있다.
 빈대를 잡기 위해 초가 삼간 태우는 것과 같다. 아니 빈대가 미워서 내 몸까지 태우자는 속셈인 것이다.

이대로 가다가는 그들이 아무래도 성경에서 나오는 '불의 심판'날을 앞당겨 가져 올 모양이다.

복사판 인간들이 만든 현대의 복사판 문명이 끝장나면, 그 다음에는 원판인간들에 의한 영문명기(靈文明期), 고차원의 진동문명(振動文明)이 일어나게 되어 있다.

물질의 기본성질이 진동임은 이미 일부 학자들에게는 잘 알려져 있는 사실이지만, 인간이 에너지와 물질을 마음대로 창조하는 문명이 바로 필자가 생각하는 진동문명이다.

이 진동문명은 미안하지만 오늘날의 복사판인간들의 두뇌를 가지고는 절대로 이루어질 수가 없다고 생각한다.

하느님께서 창조해 주신 본래의 두뇌의 기능을 되찾기 전에는 절대로 가망이 없는 것이다.

길은 두 가지가 있다.

자연발생적으로 태어나는 신품종의 인간들과 하나는 필자가 발견한 인공적인 방법으로 뇌를 짧은 시일 안에 진화시키는 방법이다.

두번째 방법은 앞으로 전자공학적(電子工學的)으로 해결이 될 것이고, 그런 기계의 발명이 이루어지리라고 생각한다.

오늘날의 대부분의 인간들은 개인으로서는 우수하지만 집단으로서는 저능아의 상태를 못면하고 있다.

지금 같아서는 지구에서 별나라로 이민간다는 것은 불가능한 일이고, 인류가 종자로서 개량되지 않는 한 우주 진출은 선진 은하문명(先進銀河文明)이 이를 받아들이지 않을 것이다.

희망은 오직 한 가지, 너무 늦기 전에 인류의 두뇌를 개량

해서 창조주의 뜻을 이해할 수 있고 우주의 본질을 파악하여 풍요한 진동문명을 일으킬 수 있는 사람들을 집단으로 발생시켜야 한다. 사진이 시원치 않으면 원판을 수정해서 다시 찍어 내면 된다.

우리나라의 고아들이 미국으로 대량으로 입양이 되는 것도 예사로 볼 일이 아니다. 현상세계에서는 원판인간들은 우대를 받지 못해 왔지만 이 현상세계도 끝장이 날 날은 멀지 않다. 우리 한국인들이 원판인간이라는 사실을 자각하고 그 기능을 발휘하게 될 날도 멀지 않다.

겨울이 깊으면 봄이 가깝다는 이야기가 있다. 필자는 예견한다. 앞으로 10년 이내에 우리 한국인의 손에 의해 모든 현대인들이 납득하고 따를 수 있는 과학적인 종교가 나와서 세계의 종교는 하나로 통일될 것이다.

여러 발명 분야에서도 3차원의 과학이 아닌 4차원의 과학에서 뛰어난 발명들이 한국인의 손에 의해 이루어질 것이다.

우리는 하느님이 말세(末世)에 빛을 보도록 정해 주신 선민(選民)이다. 선민이란 이웃나라들을 침략하고 지배하는 그런 낡은 뜻에서의 선민을 말함이 아니다.

전인류(全人類)의 평화와 인류의 우주 진출을 돕고 전체를 위해서 봉사할 수 있도록 뽑혀진 백성이라는 뜻이다.

지금은 낯선 말[사람에 따라서는 미친 놈의 잠꼬대로 들릴 게다]인 원판인간이라는 낱말이 하나의 상식이 되는 날도 멀지 않으리라.

그렇게 되는 날, 우리 한국인들은 지난 수천 년 동안 흙 속에 파묻혀 있던 자신의 자존심을 되찾게 될 것이고 그토록 오랜 곤욕의 세월이 결코 헛된 것이 아니었음을 깨닫게 되리라.

우리는 아직 깨어나지 않은 하느님의 알과 같은 백성인 것이다. 그러나 그 단단한 껍질 속에서도 쉴새 없이 고동은 치고 있다. 자비로우신 하느님께서는 결코 이 세계가 멸망하게 버려 두시지는 아니하실 게다. 그날을 위해서 우리 원판 인간들은 꾸준히 우리가 해야 할 일을 해야 한다.

한국인들이 완전히 단합이 되는 날, 남북한이 뜨거운 악수를 하고 통일이 이루어질 때, 아마도 세계는 하나로 통일될 것이다. 그렇다고 많은 나라들이 갑자기 한 나라가 된다는 뜻은 물론 아니다.

우선 하나밖에 없는 우리의 지구를 환경오염에서 구출하는 일에 합심을 하게 될 것이다. 더 이상 이웃끼리 싸운다는 것이 자살행위임을 모두가 깨닫게 되리라.

군대가 필요 없는 사회가 눈 앞에 다가오리라.

우리는 이제 종자(種子) 백성으로서 더 우수해져야 한다. 그 길만이 세계를 파멸에서 구하는 길이다. 정신적으로도 국민학교 학생단계를 벗어나야 한다. 그러나 우리에게는 아직 희망이 있다. 노력할 수 있는 그날까지는 말이다.

9. 영능력자(靈能力者)와 영각자(靈覺者)

　영능력자가와 초능력자는 같은가, 또는 다르다면 어떻게 다른가 부터 살펴보고 이어서 영각자(靈覺者)에 대해서 이야기해 볼까 한다.
　영능력자란, 보호령 또는 빙의령의 도움으로 영언(靈言)·영청(靈聽)·영시(靈視)를 할 수 있는 능력이 있는 사람을 말한다.
　이와는 반대로 초능력자(超能力者)란 타고나면서부터, 또는 후천적인 수련에 의해 신체구조, 그 중에서도 두뇌의 기능이 남달리 발달되어 보통 사람들보다도 훨씬 높은 차원의 우주력(宇宙力)을 구사하여 여러 가지 기적에 가까운 힘을 발휘할 수 있는 사람을 뜻한다.
　대부분의 영능력자들이 초기에는 여러 가지 신통력을 발휘하지만 본인이 자기의 능력으로 착각하고 교만해지면 영능력을 공급해 주던 보호령이나 빙의령이 떠나고 만다.
　그렇게 되면 하루 아침에 영능력이 없어지게 되고, 어느 의미에서 영능력을 행사하기 전보다 더 어려운 처지에 놓이게 된다.
　영능력자라고 널리 소문이 난 사람들 가운데는 진짜와 가짜가 있는데, 가짜란 전에는 영능력이 있었으나 현재는 보통 사람이 된 이가 영능력자 행세를 하는 경우라고 할 수가 있다.
 이와는 반대로 초능력자는 신체 기능이 특이하여 우주력을 구사할 수 있는 것이기 때문에 이런 일이 없다.
 그대신 세상에 영능력자는 많지만 진정한 뜻에서 초능력자란 전세계를 통해 얼마 되지 않는 게 오늘의 현실이 아닌가 한다.
 영각자(靈覺者)란 영능력자가 더욱 정진을 해서 도달하는 경지를 말한다.
 그는 깊은 수양 끝에 영계(靈界)에 존재하는 진아(眞我)[이것은 우주의식과도 같다]와 완전히 하나가 된 경지에 놓인 사람이다.
 하느님의 뜻이 곧 자기의 뜻이오, 자신의 뜻이 곧 하느님의 뜻 안에 있다고 하신 예수 그리스도가 바로 이런 영각자라고 할 수 있다.
 영각자는 영언·영청·영시능력이 필요치 않다. 그는 언제나 우주의식과 하나가 되어 있기에 자기 아닌 대상이 곧 자기 자신인 그런 상태에 놓여 있기 때문이다.
 그는 직관의 힘으로 모든 것을 알 수 있을 뿐더러 상념(想念)이 곧 창조 능력을 지닌 그런 경지에 놓여 있는 것이다.
 석가모니불께서 팔대신통력(八大神通力) 가운데 오직 정심정각(正心正覺)만이 진정한 신통력이라고 말씀하신 바로 그런 경지에 놓인 사람이 영각자라고 할 수 있다.
 사람을 대할 때나 미물을 대할 때도 항상 사랑의 정신을 잃지 않고 전생(前生)까지도 포함해서 바로 보고 바로 깨우쳐 줄 수 있는 사람——그가 바로 영각자인 것이다.
 어떤 악령이 빙의되었더라도 영각자는 올바로 보고 그 악령조차도 올바르게 인도를 해 주고 제령을 할 수가 있는 것이다. 무한한 사랑, 끝없는 지혜, 한 없는 힘, 이 세가지를 한 사람이 지니고 있는 영각자의 높은 경지가 우리 모두가 바랄 수 있는 자리라고 생각된다.

제 I 장
인연령(因緣靈)의 암약

1. 쫓기는 사나이

　필자가 몇년 전에 《주간한국》에〈방랑4차원(放浪四次元)〉이라는 글을 연재하자 많은 독자들로부터 엄청난 반응이 있었다.
　문의 전화가 아침부터 밤까지 계속 걸려와서 우리 출판사 직원들은 필자에게〈방랑4차원〉을 중단해 줄 것을 요구했다. 필자의 취미생활[직원들은 그렇게 해석하고 있었다] 때문에 영 장사를 할 수가 없다는 불평이었다.
　반응은 신문사 쪽도 역시 마찬가지였었다고 한다.
　그래서〈방랑4차원〉은 본래의 의도와는 달리 결국 혹세무민(惑世誣民)하는 글로 낙인이 찍혀서 하는 수 없이 중단되고 말았다.
　그러나 필자는 이 글 덕분에 새로 많은 사람들을 알게 되었고, 또한 심령현상(心靈現象)에 대한 귀중한 체험을 얻을 수 있었다.
　그 중 몇 가지 이야기를 적어 보련다.
　하루는《주간한국》을 읽었다면서 한 젊은 노이로제 환자가 찾아왔다. 그는 겉으로 보기에는 아무렇지도 않은 젊은이였다.
　그의 말에 의하면, 자기는 사람들에게 아무리 노력해도 영

호감을 살 수가 없다는 것이었다. 호감을 사기는 커녕 이상스럽게 주위 사람들이 까닭없이 자기를 싫어한다는 이야기였다.

특히 여성의 경우는 더 심하다고 했다.

심지어 길거리에서 길을 물어도 얼굴을 찡그리면서 욕을 하기가 일쑤라고 했다. 한마디로 말해서 여지껏 젊은 여자들과는 제대로 이야기 한 번 나눈 적이 없다고 했다.

아무리 노력을 해도 자기에게 호감을 가져 주는 여성이 없다는 것이었다. 그렇다고 해서 이 젊은이가 추남이나 불구자인가 하면 그렇지도 않았다. 오히려 그보다는 반대로 미남에 가까운 용모였다.

그래서 자기는 서른이 다 되도록 결혼할 생각도 하지 못하고 있을 뿐만 아니라, 취직 한 번 제대로 해보지 못했노라고 했다.

그래서 자기에게 어떤 그럴만한 원인이 있는가, 또 단순한 피해망상인가 알아보기 위하여 여기저기 신경정신외과의 신세도 져보았으나 도무지 신통한 해결책이 서지 않았다는 이야기였다.

나는 그의 앞에서 완전한 방심(放心)상태로 들어갔다. 필자의 마음이 텅 비어 거울이 될 때, 그의 마음 깊은 곳에 숨겨진 비밀이 비쳐지게 되는, 벌써 오래 전부터 해오는 방법이다.

이것은 밀교(密敎)에서는 흔히 공심법(空心法)이라고 부르고 있다.

때는 유럽에서 '바이킹'들이 설치던 무렵. 이들 바이킹의 추장 가운데 굉장한 애처가가 있었다. 그는 아내를 사랑하다

못해 여신(女神)처럼 모셨다.

　집을 비우는 떠돌이 생활이 오래 계속되었지만 그는 자기의 아내가 설마 부정(不貞)한 짓을 하리라고는 꿈에도 생각지 않았다. 그러나 그의 아내는 여신이라고 하기에는 너무도 피가 뜨거운 젊은 여인이었다.

　그녀는 남편이 집을 비울 때마다, 언제나 젊은 사내를 집안에 끌어들여 애욕의 노예가 되곤 했었다. 그러나 무슨 일이든지 꼬리가 길면 밟히는 법, 드디어 이 불륜의 여인에게 무서운 심판의 날이 찾아오고야 말았다.

　사냥을 갔다가 예정보다 일찍 돌아온 남편에게 불륜의 현장을 들키고 말았기 때문이었다.

　남편은 극도로 분노했고 성난 그의 칼 앞에 두 남녀는 그 자리에서 살해되고 말았다. 이런 일이 있은 뒤로 이 애처가였던 추장은 극도의 여성 증오자가 되었다.

　전쟁에서 사로잡은 포로들. 그들 가운데 여성은 어린이건 노파건 모조리 학살했다. 한편 그의 이런 폭거를 충언(忠言)으로서 말린 부하들도 모조리 처형되었다. 차차 부하들의 마음은 이 미친 추장에게서 떠나기 시작했다.

　그러던 어느 날, 술에 만취한 그는 반란을 일으킨 부하들의 손에 의하여 처형되고 말았다.

　그 뒤로 그는 몇 번이나 인간으로 다시 재생(再生)을 했지만, 죄 없는 여성들을 학살한 죄는 면할 길이 없었다.

　때로는 말못할 불구자의 몸으로 태어나기도 했고, 때로는 원인모를 이상한 병을 앓으면서 일생을 비참하게 보내야만 했다.

　그의 넋을 저주하는 수많은 여인들의 영혼들로부터 도망

하기를 원했으나 전생(前生)의 죄업은 너무나도 컸다. 윤회를 기듭하는 가운데 그는 마침내 동방의 해뜨는 나라, 즉 한국에 재생(再生)했다.

"하지만 안선생께서 이야기하는 이런 이야기가 모두 사실이라는 것을 증명할 길은 없지 않습니까?"

"물론 증명할 수는 없지요. 또 내가 소설가니까 남보다 상상력이 풍부해서 꾸며낸 이야기라고 생각할 수도 있겠지요. 그러나 나는 그런 장면이 저절로 떠오른 것이지 구상을 한 것은 아닙니다. 그 증거로, 선생의 이야기가 끝나자 마자 곧 입을 열지 않았습니까. 또 내가 지금 제령(除靈)을 시켜드린 결과, 여지껏 겪어온 고통에서 해방이 된다면 그것이 곧 증거가 되지 않을까요."

필자는 이 젊은이에게 기생하고 있는 망령(亡靈)들을 타일렀다.

당신네들이 전생에 학살을 당한 것은 그 앞서 전생에서 그럴 만한 원인을 만들었기 때문이며, 이 이상 이 젊은이에게 빙의한다는 것은 영계(靈界)의 법을 어기는 것이 되어 인간으로 재생할 수 있는 기회를 스스로 포기하는 게 될 뿐만 아니라 마침내는 신으로부터 영혼을 말살당할 수도 있다는 것을 간곡히 타일렀다.

필자의 정성어린 설법을 듣고 대부분의 망령들은 이탈을 했지만, 그 중에는 필자에게 빙의된 영혼도 있었다.

필자는 이상한 협박 소리를 듣는 것 같은 환각을 느꼈고, 흡사 정신분열증 환자가 받는 그런 고통을 한동안 받아야만 했었다.

이런 영혼들을 이탈시키기 위해 필자는 무척 많은 고통을 겪어야만 했었다.

필자는 이 경험에서 빙의된 망령을 올바르게 제도(濟度) 해 준다는 것이 얼마나 중요한가 하는 것을 뼈아프게 깨닫지 않을 수 없었다.

2. 전생(前生)에서의 약속

하루는 필자의 사무실에 한 중년부인이 나타났다. 첫눈에 몹시 초췌해진 모습이었다. 어떤 중병(重病)을 앓고 있는 사람 같았다.

필자의 짐작은 맞았다.

그 부인은 원인모를 중병을 앓고 있었다. 한 마디로 말해서 항상 몸이 무겁고, 소화가 되지 않고, 날이 갈수록 기운이 탈진해 간다는 이야기였다.

그래서 여러 군데 이름난 의사들도 찾아보았으나 모두 한결같이 아무 이상이 없다는 진단을 내릴 뿐 몸이 좀 허약하니 보약이나 드시지요, 한다는 것이었다. 그래서 보약도 많이 달여먹어 보았으나 아무 소용이 없었노라고 했다.

"요즘은 숫제 남편 보기가 민망스럽습니다. 얼마 되지 않는 가산(家産)을 모조리 탕진하고 죽을 것만 같습니다."

하고 부인은 한숨을 쉬었다.

그리고 요즘은 꿈에 생전 본 일이 없는 갓쓴 노인들이 나타나서 무엇인가 할 말이 있는 것 같은 표정을 짓다가는 사라지곤 한다는 것이었다.

아니 그뿐만이 아니었다. 밤마다 산비탈에 손으로 굴을 파는 꿈을 꾸곤 한다는 이야기였다.

"아무래도 제가 죽을 때가 가까워져서 무덤을 파는 꿈을 꾸나 봐요."

하고 부인은 서글프게 웃었다.

그 웃는 모습이 처량하기 이를데 없었다.

한편 부인은 소녀시절부터 절에 가기를 좋아했노라고 했다. 절에 가면 자기 집에 돌아온 것 같이 마음이 편안해 저녁 늦게까지 머물러 있곤 했었다고 했다.

나이가 들어 혼담이 오고가도 왜 그런지 결혼하고 싶은 생각은 들지 않고 여승이 되고 싶기만 했다는 것이었다. 결혼을 해도 행복해질 것 같지가 않았다는 것이었다.

필자는 이 부인을 앞에 놓고 영사(靈査)를 해보았다.

망령들이 여럿이 빙의가 되어 있는 것 같았다.

"약속을 지키지 않았습니다. 우리가 인도를 해서 인간으로 태어나게 한 것은 스님이 되게 하려는 뜻이었습니다."

"인간이 되게 하다니요. 그럼 이 부인은……"

"바로 그렇습니다. 부인은 전생이 우리가 있던 봉천사(奉天寺) 경내(境內)에 살고 있던 족제비였습니다. 절의 천장에서 늘 독경하는 소리를 듣는 동안에 이 족제비는 신앙심이 생겼습니다. 부처님이 설법하신 인과율(因果律)과 전생설(轉生說)을 믿게 된 그는 죽어서 인간이 되기를 원했습니다. 그는 죽어서 인간이 되기 위하여 끼니를 굶었습니다.

우리들은 그의 정성을 갸륵하게 여기어 그의 혼(魂)을 인도하여 인간이 되게 해줄 것을 약속했습니다. 그러나 동물의 영혼이 인간이 된다고 해도 그는 제대로 인간으로서의 사회생활을 해나갈 수 없는 것이기에 인간이 되기는 되나 스님이 되라고 했습니다. 그러나 족제비는 인간으로 환생(還生)을 한 뒤에 우리하고의 약속을 지키지 않았습니다. 스님이 되어서 인간들을 위해서 봉사를 한다는 조건으로 우리는 족제비를 우리 집안의 후손으로 태어나게 한 것인데 그는 이 약속을 지키지 않았습니다. 그래서 우리들은 그를 저승으로 데려가기로 한 것입니다. 그래서 족제비가 환생한 이 부인에게서 점차로 생명력이 빠져 나가고 있는 것입니다."

필자는 이 빙의된 조상령(祖上靈)들을 타일렀다. 부인은 앞서 세상에는 족제비였는지는 모르나 지금은 엄연한 인간이오, 또한 한 가정의 주부로서 남편과 자식들에 대한 의무를 지닌 몸이라는 것, 전생(前生)에서의 약속을 어긴 것은 태어나는 과정에서 전생의 기억을 상실한다는 영계(靈界)와 이승에 걸친 우주법칙 때문이지 부인에게는 아무 잘못이 없다는 것, 그러니까 부인을 저승으로 데려가는 것은 보류해 달라고 간곡히 부탁을 했다.

죽은 조상령(祖上靈)들은 필자의 부탁을 이해하여 모두 부인에게서 이탈했다.

부인은 한결 밝아진 얼굴로 고맙다는 말을 몇 번씩이나 되풀이 하면서 집으로 돌아갔다.

그래서 필자는 이 부인의 문제는 이것으로 완전히 끝난 줄 알고 있었는데 며칠 뒤 부인이 다시 우리 사무실에 나타났다.

몸이 아픈 것은 많이 좋아졌으나 밤마다 산비탈에 굴을 파는 꿈은 여전히 계속되어 불안하기 이를데 없다는 이야기였다.

필자가 영사를 했더니 이번에는 동물의 영이 부령(浮靈) 했다.

바로 부인이 전생에 족제비로 있을 때의 새끼들이었다.

"우리 어머니가 인간이 되어서 말못할 고생을 하고 계신 것을 보고 우리는 결심했습니다. 어머니를 우리에게로 다시 돌아오게 해야겠다고요."

"그건 또 무슨 말이냐?"

"선생님은 잘 이해가 안 되시겠지만 우리 동물들의 세계는 자연의 법칙을 그대로 지키고 살아가고 있습니다. 우리는 인간처럼 거치장스러운 옷도 필요 없고 호화주택도 필요 없습니다. 굴은 우리 손으로 파서 만들면 되고 인간을 해치는 들쥐가 우리의 먹이이며, 또 많이 필요한 것도 아닙니다. 우리는 인간처럼 애써 배우지 않아도 우리가 살아 가는데 필요한 지식은 태어나면서부터 알고 있습니다. 우리의 적이 누구라는 것도 알고 있고, 무엇을 먹이로 해야 한다는 것도, 또 먹이는 어떻게 구해야 한다는 것, 자식들은 어떻게 길러야 한다는 것도 알고 있습니다. 인간은 욕심덩어리이지만, 우리에게는 필요없는 욕심이 없습니다. 인간들은 우리 동물들을 불쌍하게 여기는지 모르겠습니다만, 우리는 더러운 공기를 마시면서 고통 속에서 살아 가는 인간들을 오히려 불쌍하게 생각하고 있습니다. 우리 어머니가 인간이 되고 싶어 한 것부터가 애당초 잘못된 생각입니다. 우리는 우리 어머니를 구출해 내야겠다고 생각하고 있는 것입니다."

실로 당당한 이론이었다.

필자는 이 족제비들의 이야기를 듣고 많은 것을 깨닫지 않을 수 없었다.

이 우주에는 분명히 창조주가 계시다는 것, 동물이 비록 인간과 같은 말로 저들의 생각을 표현할 수는 없으나 그들도 하나의 존엄한 생명체임을 느낀 것이었다.

필자는 정성을 다해서 설득을 했다.

이 부인이 앞서 세상에서는 너희들의 어머니였는지는 모

르나 지금은 그렇지가 않다는 것, 인간으로 태어난 이상은 인간으로서의 권리와 의무를 다하고 가는 것이 우리의 창조주이신 하느님께 대한 보답이라는 것을 자세히 이야기해 주고 너희들이 저승으로 데려가서 다시 동물로 태어나게 하려는 것 때문에 고통을 받고 있다는 것도 알려 주었다.

"우리들은 우리 어머니와 함께 있고 싶단 말이예요."

필자는 이 말에는 웃음이 나오고 말았다.

필자는 그들도 인간으로 태어나면 되지 않겠느냐고 했다. 그들을 설득시키는 데 오랜 시간이 걸렸다. 필자는 이 경험을 통하여 동물령(動物靈)이 빙의되었을 경우가 얼마나 어렵다는 것을 뼈저리게 느끼지 않을 수 없었다. 어쨌든 이 동물령들도 끝내는 필자의 이야기를 이해하여 이탈을 했고, 이 부인이 오랜만에 건강을 다시 되찾은 것은 정말 다행한 일이었다.

3. 심은 대로 거둔다

　필자가 역시 몇년 전, 문화방송의 한낮 라디오 프로인 〈오후의 응접실〉에 출연했을 때의 일이었다.
　이때, 필자는 중국무술의 장풍(掌風)에 대한 이야기와 속보법(速步法) 및 축지법이란 어떤 원리로 가능한 것인가 하는 이야기를 했던 것으로 기억한다.
　사무실에 돌아와 좀 쉬려는데 방금 방송을 들었다면서 전혀 모르는 한 노부인으로부터 전화가 걸려 왔다.
　자기는 지금 69세의 노부인인데, 지난 40년 동안 아무도 그 원인을 알 수 없는 이상스러운 병으로 고통을 받고 있어, 선생님을 만나 뵈면 무엇인가 도움이 될 것 같아서 전화를 걸었다는 이야기였다.
　몹시 서두는 폼이 당장이라도 찾아올 기세였다.
　그날은 마침 토요일 오후여서 월요일 아침에 사무실에서 만나기로 약속했다.

　월요일 아침 출근을 하니까 토요일에 전화를 걸었던 노부인이 이미 와서 기다리고 있었다. 몸집이 작고 몹시 여윈 깐깐한 인상을 주는 노부인이었다.
　이야기를 들어보니 본인의 말대로 정말 이상한 병을 앓고

제1장 인연령(因緣靈)의 암약

있는 게 분명했다.

40년째 된 병인데 하루에 한 번씩 자궁 부분에 심한 진통이 온다는 이야기였다. 병원에서 X레이 검사도 받았고 그 밖의 종합진단도 여러 번 받아 보았으나 언제나 결과는 한결같았다.

자궁암도 종양도 아니라는 것이었다.

의학상으로는 아무 이상이 없는 건강체라는 이야기였다.

몇번 조사를 해도 똑같은 결과가 나와 적이 마음이 놓이기는 했으나 하루에 한 번씩 겪어야 하는 고통은 꿈이 아닌 뚜렷한 현실이라는데 문제가 있었다.

이런 고통이 40년이나 계속되고도 지금까지 살아 있는 게 이상할 지경이라면서 부인은 눈물이 글썽해지는 것이었다.

완치는 못해도 좋으니, 무슨 원인에서 생기는 고통인지, 자기가 전생에 어떤 죄를 지어서 받는 괴로움이라면 그 사연이라도 알았으면 한결 마음이 가벼워질 것 같노라고 했다.

필자는 단번에 어떤 빙의령의 장난임을 알 수가 있었다.

필자는 물었다.

"혹시 이 병을 앓게 되기 6개월에서 1년 사이에, 유산한 일이 없습니까?"

"네, 그런 일이 있었습니다."

"그 뒤 아기를 낳으셨던가요?"

"아닙니다. 무거운 짐을 들다가 아기를 유산한 뒤로 저는 아기를 낳을 수 없는 몸이 되었기 때문에 한번도 출산해 본 경험이 없습니다."

"그리고 그 아기를 갖게 되기 1년 쯤 전에 용산 쪽으로 집을 사서 이사간 일은 없었나요?"

"네, 있습니다."

"그 집으로 이사하기 전에 그 집에 대한 어떤 예감 같은 것을 느낀 적은 없었던가요?"

"네, 나쁜 예감이 있었습니다. 저는 왜 그런지 몹시 불길한 느낌이 들어서 반대를 했지만 남편이 철도국에 기관사로 근무하고 있었고, 또 집값이 굉장히 쌌기때문에 남편이 우겨서 하는 수 없이 이사를 갔습니다."

"한옥이었나요, 일본집이었나요?"

"일본집이었습니다."

"구석방이 온돌방이고 나머지는 다다미 방인 그런 구조가 아니었던가요?"

"맞습니다만, 선생님은 그것을 어떻게 아십니까?"

하고 노부인은 두 눈을 크게 떴다. 몹시 놀라는 표정이었다.

필자는 언제나 이런 경우엔 으레 그러하듯 완전한 방심상태로 들어가 노부인의 마음을 비추는 거울이 되었다.

50여년 전 용산 어느 동네에 일본인 군인 가족이 살고 있었다. 주인인 대위에게는 한 아름다운 딸이 있었다. 그녀는 우연한 기회에 알게 된 한국인 청년과 사랑하는 사이가 되었다.

사람들의 눈들을 피해 가면서 밀회를 거듭하는 동안에 처녀는 아기를 가졌다. 임신 5개월만에 처녀는 이 사실을 부모에게 알리고 결혼을 허락해 달라고 간청했다.

남달리 한국인을 멸시하던 일본군 대위는 눈 앞이 캄캄했다. 유산을 시켜 보려고 했으나 의사가 위험하다고 했다. 자칫하면 둘이 다 죽을 가능성이 많다고 했다.

대위는 딸을 골방에다가 가두고 전혀 바깥 출입을 하지 못하게 했다. 산월(産月)이 되자 처녀는 아들을 낳았다. 그 순간, 억센 대위의 손이 아기의 입을 틀어막았다. 갓난애는 울음 한 번 제대로 내보지 못하고 숨이 넘어가고 말았다.

사과궤짝에 담긴 아기의 시체는 다다미방 밑에 파진 구덩이 속에 묻혔고, 무정한 사람들은 이 방을 개조해서 온돌로 바꿔 놓았다.

그런 뒤에 이들 가족은 일본 본토로 돌아가고 말았다.

그 뒤, 이 집으로 이사온 사람들은 하나같이 불행한 일들을 당하곤 하여 어느덧 흉가(凶家) 집으로 통하게 되었다.

흉가(凶家) 집인 줄 알면서도 워낙 집 값이 싸서 이사를 온 부인은 이 집에서 첫아기를 가졌으나 유산하고야 말았던 것이다.

병원에서는 다시는 어린애를 가질 수 없노라고 했다.

"그때의 학살당한 아기의 영혼이 할머니의 몸에 들어와 오늘의 고통의 원인이 된 것입니다. 아기의 영혼은 그동안 오랜 세월이 지났다는 것을 모르고 있는 것입니다. 그래 하루 한번씩 자기를 낳아 달라고 진통을 일으키는 것입니다."

노부인은 알만하다고 고개를 끄덕였다.

필자는 아기의 영혼을 노부인에게서 이탈시키는 절차를 밟았다.

아기에게 우주를 지배하는 인과율(因果律)에 대한 설명을 했다.

네가 이런 끔직스러운 일을 겪게 된 것은 전쟁에서 이조중조(李朝中宗) 시대 과부가 외로움을 달래다 못해 먼 친척 오빠되는 이와 관계를 가져 아기를 갖게 되고 그 아이를 낳은 순간에 목을 졸라 죽여서 뒷산에 버린 때문이라고 설명해주었다.

그러니까 아기의 영혼의 전생을 보아 준 것이었다.

소중한 어린 생명을 아무 죄 없이 죽인 것을 이번에는 자기 자신이 당한 것에 지나지 않는다고 이야기했다.

네가 지금 들어와 있는 이 부인은 이제 노부인이어서 도저히 아기를 낳을 수 있는 분이 아니니 곧 이탈을 해서 유계(幽界)로 돌아가라고 설득했다.

그랬더니 이런 통신이 왔다.

들어온 지 하도 오래 되어서 그런지 자기 혼자 힘으로는 도저히 나갈 수가 없으니 좀 도와달라는 이야기였다.

필자는 기도를 통하여 아기의 보호령들을 부르고, 노부인의 보호령과 필자의 보호령들에게 부탁을 하여 제령(除靈)을 시켰다.

필자의 손이 노부인의 두 어깨를 가볍게 치는 순간, 머리 꼭대기 가마 있는 데가 화끈하면서 무엇인가 빠져 나가는 느낌이 들었다고 노부인은 이야기했다.

"뱃속이 허전합니다. 정말 이상하게 몸이 가벼워졌는데요."

하고 노부인은 오랜 고통에서 해방된 것을 조금도 의심치 않고 몹시 기뻐했다.

4. 영혼의 호소

 이번에는 《형제》의 작가인 사유선(史有善) 씨의 장모님에 대한 이야기를 적어 볼까 한다. 하루는 사유선씨가 사무실로 필자를 찾아와서 자기가 계룡산에 갈 일이 있는데 동행을 하지 않겠느냐고 했다.
 그러지 않아도 필자는 계룡산이 영장(靈場)이라는 이야기를 들어서 한번 가보고 싶었는데 마침 좋은 기회라고 생각되어 쾌히 승낙했다.
 그래서 사무실 일들을 대강 정리하여 직원들에게 필자가 없는 동안 할 일들을 이야기해 주고, 사유선씨와 함께 우선 집으로 돌아왔다.
 필자가 느닷없이 계룡산에 다녀오겠다고 하니까 아내는 몹시 놀라는 눈치였으나 굳이 말리지는 않았다.
 필자는 사유선씨만 떠나는 줄 알았는데, 소격동 파출소 앞에서 그의 부인을 만났다.
 "부인도 가시렵니까."
 "네."
 하고 부인의 얼굴빛이 몹시 창백했다.
 "그럼 어서 차에 오르십시오."
 하고 필자가 문을 열어 주니까 부인은 운전사 옆자리에 앉

으면서,

"그런데 어머님이 지금 갑자기 병환이 중해지셔서 영등포에 있는 성신병원에 입원하셨다는군요."

하고 우리와 함께 가는 게 몹시 마음이 내키지 않는 눈치였다.

"그럼 가는 길에 병원에 들려보시도록 하죠."

"미안해서 어떻게 하죠."

"아닙니다. 사위도 아들이나 마찬가진데 이런 때 안 가 뵌다면 말이 됩니까? 헌데 참 어디가 편찮으신가요?"

"평소에는 저혈압이셨는데 갑자기 혈압이 높아져서 위독하시다는군요."

"그것 참 이상하군요. 혹시 영적인 원인에서 생긴 병이시라면 제가 도움이 되어 드릴 수 있을지도 모르겠군요."

"아니 안선생님이 언제부터 그런 것을 하십니까?"

하고 사유선씨는 몹시 놀라는 기색이었다.

병실에 들어가 보니 환자는 생각했던 것보다는 덜 중태였다.

필자는 환자를 보니 무엇인가 마음에 집히는 게 있었다.

"혹시 지금부터 27, 8년쯤 전에 사고로 따님을 잃으신 적이 없습니까?"

"네, 있습니다만 그걸 어떻게 아시지요?"

하고 환자는 몹시 놀라는 태도였다.

"그럼 지금부터 6개월에서 1년 사이에 역시 사고로 손녀따님을 잃으신 적이 없습니까?"

"네, 그런 일이 있었지요. 정말 놀랍군요."

하고 이야기를 들으니 다음과 같은 내용이었다.

28년 전, 상한 우유를 모르고 먹인 것이 원인이 되어 어린

딸이 갑자기 죽은 일이 있으며, 그 일이 지금까지도 항상 마음에 걸려서 괴롭다는 이야기였다.
 친구의 딸 결혼식 같은데 참석을 하면, 예쁘고 귀여웠던 죽은 딸이 남모르게 더 생각이 나곤 한다는 이야기였다.
 "그러시다면 28년이 지난 지금에도 항상 그 따님 생각을 하고 계시다는 이야기군요."
 "그렇지요. 어떻게 생각을 안할 수가 있겠습니까. 아무 죄도 없는 어린 것을 순전히 제 잘못으로 죽였는데 제 양심이 괴로워서도 생각을 안할 도리가 없군요."
 하고 사유선씨의 장모님은 그 곱게 늙은 얼굴에 눈물을 머금어 보이는 것이었다.
 "어려서 사고(事故)로 죽는 아이는 높은 영혼입니다. 이 세상에서 오래 살면서 인생경험을 쌓을 필요가 없어진 진화된 영혼인 것입니다. 그런데 어머니께서 그렇게 애착을 갖고 계시면 죽은 따님의 영혼은 저승으로 가지를 못하고 어머니 몸에 붙어있게 마련인 것입니다."
 "그런 것을 제가 알았어야죠."
 "그럼 손녀따님 죽은 이야기를 해주실까요."
 사유선씨가 눈을 끔쩍해 보이더니 대신 다음과 같은 이야기를 들려 주었다.
 겨울이었는데 어린 아이에게 이불을 덮어 주고 옆방에서 식구들은 텔레비전을 구경했다는 것이었다.
 오랜 시간이 지난 뒤였다.
 배가 고파서 아기가 울 시간이 되었는데도 아무 소리가 없어서 건너가 보았더니, 아기는 이미 숨져 있었다는 것이다.
 잠결에 발길질을 하는 바람에 이불이 얼굴에 덮혀 숨이 막혀 죽었다는 것이었다.

"그것 참 이상하군요."

첫번째 경우도 상한 우유를 먹이면 토하거나 설사를 하는 게 우리의 상식인데 그렇지가 않았고, 두번째 경우에도 어린 애가 울 법한데 그렇지가 않았으니 이상하지 않습니까?"

"그보다도 더 이상한 일이 있지 않습니까?"

하고 사유선씨가 옆에서 말참견을 한다.

"무어가요?"

"안선생님이 아무한테서도 이야기를 듣지 않고 우리 집안에서 일어난 일들을 알아 낸 게 이상하지 않습니까. 나도 지금부터 28년 전에 장모님께서 그런 불행을 겪으셨다는 것은 처음 듣는 일인데 어떻게 그걸 알아냈지요?"

하고 그는 아무래도 믿을 수 없다는 표정이었다.

필자는 거기에는 대답을 하지 않고 환자에게 질문을 계속했다.

"이번에는 손녀딸이 죽은 뒤에 어떤 이상한 경험을 한 일이 없습니까?"

"네, 있습니다. 그 방에 들어가는 게 말할 수 없이 무서웠습니다. 어른도 아닌 어린애가 죽은 방인데 그렇게 무서울 수가 없더군요."

"그게 바로 정을 떼느라고 무서움을 주는 것입니다. 사고로 죽은 손녀따님은 바로 28년전에 죽은 따님이 다시 태어난 것입니다. 할머니께서 너무 자기 생각을 해서 저승으로 갈수가 없어서 다시 이번에는 손녀딸로 태어나서 비슷한 사고로 가 버린 것입니다. 자기를 잊어달라는 것이죠. 그래서 무섭게 느껴지는 것입니다. 죽고 사는 것은 모두가 하늘의 뜻입니다. 슬퍼하실 필요가 없습니다."

필자의 이야기를 듣고 환자는 지난 28년 동안 남모르게 괴로워했던 양심의 가책에서 해방이 되었다면서 몹시 기뻐하는 것이었다.
　필자는 환자에게 붙어 있는 아기의 영혼을 제령해서 이탈을 시켰다.
　"이제 의사들이 깜짝 놀라도록 혈압이 내려갈 것입니다. 그럼 계룡산에 갔다가 돌아오는 길에 다시 들르겠습니다."
　하고 우리는 병원에서 떠났다.
　그런데 이야기는 여기서 끝난 게 아니고 또 뒷이야기가 있다.
　그 이야기를 마저 계속해 볼까 한다.
　계룡산 구내에 자동차가 막 들어온 뒤였다.
　"오늘이 사선생 어머님 생신이 아니신가요?"
　"아니 그걸 어떻게 아셨지요. 그런 이야기를 미리 드리면 마음에 부담을 느낄 것 같아서 말씀을 안드렸는데."
　하고 그는 몹시 놀라는 태도였다.
　"아닙니다. 내가 오히려 놀랬습니다. 여기까지 올 때까지 그걸 모르게 한 사선생의 실력이 대단한데요."
　하면서 우리는 모두들 크게 웃었다.
　그런데, 다음날 아침이었다.
　갑사(甲寺) 경내(境內)에서 사씨 부부와 긴 의자에 앉아서 담소를 나누고 있는데 서울에서 전보가 날아들었다.
　전보를 받아 본 사유선씨 부인이 갑자기 흐느껴 울기 시작했다.

　〈외조모 사망, 급히 상경할사〉

　라는 전보였다.

순간, 필자는 눈 앞이 아득해지는 것을 느꼈다. 내가 공연히 심령치료를 해서 이런 결과가 온 것이 아닌가 하는 두려움이 앞섰기 때문이었다.

그러나 다음 순간, 마음을 가라앉혀 보니 분명히 사유선씨의 장모님은 살아 있다는 느낌이 들었다.

"혹시 이 전보가 잘못된 것인지도 모릅니다. 병원에서 위독하다고 하니까 짐작을 하고 미리 전보를 친 것인지도 모르니까 전화를 해보십시오."

사씨 부부는 다행히도 어제의 일로 미루어 보아 내 이야기를 귀담아 듣고 곧 서울 병원으로 장거리 전화를 걸었다.

부인이 가게에서 전화를 거는 동안 우리는 떠날 준비를 하고 차 안에서 기다리고 있었다.

이윽고 부인이 한 손으로 눈물을 닦으면서 한편으로 어설픈 웃음을 지으면서 돌아왔다.

"그래 어떻게 되었답디까?"

하고 사유선씨가 다급하게 물었다.

"안선생님 짐작이 맞았어요. 어머님은 돌아가시지 않으셨고 오히려 이제는 다 나은 것이나 다름 없으시다는 거예요."

"그럼 왜 그런 전보를 쳐서 사람을 놀라게 하지?"

"병원에서 심장이 몹시 붓고 밤을 넘기기 어렵다고 했다나 봐요. 그래 으레 돌아가실 것으로 알고 전보를 미리 쳤다는군요."

"이거 죄송합니다. 공연히 소란을 피워서, 그럼 어떻게 하죠?"

하고 사유선씨는 필자를 돌아다 보았다.

"기왕 떠나기로 한 것인데 갑시다. 계룡산이 어떤 곳인지 와 보았으니까 이제 그만 떠납시다."

필자는 사씨의 장모님이 무사한 것만 다행으로 생각되었고, 서울로 빨리 돌아가고 싶은 생각뿐이었다.
 그런데 차가 서울로 향해 달리는 동안 사유선씨의 부인의 마음은 다시 불안해지기 시작했다.
 혹시 우리를 너무 놀라지 않게 하기 위하여 일부러 어머니가 돌아가신 것을 숨긴 게 아닐까 하는 것이었다.
 "여기서 서울까지 몇 시간이라도 공연이 불안해 하시면서 가실 것은 없습니다. 조치원에서 직접 전화를 해보시지요."
 하고 필자는 이야기했다.
 조치원에 도착하자 마침 점심 때도 되고 해서 우리들은 역전에 자리잡고 있는 어느 아늑한 음식점으로 찾아 들어갔다.
 우리가 음식을 시키고 기다리고 있는 동안, 사유선씨의 부인은 병원에 전화를 걸었다.
 "얘, 나다. 이제 몸이 좋아졌어. 며칠 안으로 퇴원하려고 한다."
 수화기에서 흘러 나온 소리는 분명히 떠날 때 들은 귀에 익은 사씨 장모님의 음성이었다.
 모두 안도의 한숨을 몰아쉬었다.
 그런데 서울 근처에 다 왔을 때였다.
 나는 눈 앞에 이상한 환상(幻想)을 보았다.
 의사들의 한 떼가 들어와서 혈압을 재더니 이렇게 밤 사이에 혈압이 내려갈 수 없다면서 혈압기를 연신 갈아 대는 장면이 분명히 보였다.
 나는 사유선씨 부부에게 이 이야기를 했고 병원에 가서 확인을 했더니 모두가 어김없는 사실이었음이 밝혀졌다.
 그 뒤 얼마 지나지 않아서 사씨의 장모님은 병원에서 퇴원을 하셨고, 오늘에 이르기까지 혈압이 정상인 상태로 아주 건강하게 지내신다고 했다.
 횡사한 아기의 영혼이 무사히 이탈했음이 분명했다.

5. 이상한 얼룩이

아기의 영혼이 빙의된 이야기 끝에 또 하나 필자가 경험한 실화를 소개해 볼까 한다.

하루는 어느 분의 소개로 필자의 시술실[필자는 성광자기 체질개선연구원을 운영하고 있다]에 한 중년부인이 찾아왔다.

혈압이 높은 고혈압 환자였다. 병원에서 아무리 치료를 해도 영 차도가 없어서 고민하던 중, 누가 필자를 찾아가서 체질을 아주 바꾸는 시술을 받아보라고 권유해서 찾아왔다는 것이었다.

혈압이 한참 높을 때는 최저 130에서 최고가 240까지 올라갔다고 했다.

"이런 혈압으로 죽지 않고 살아 있는 게 이상하다고들 하더군요."

하고 부인은 이야기했다.

그래서 한일병원에 12일 동안 입원도 했었고, 그 뒤 물리요법도 꾸준히 받아 보았으나 영 차도가 없다는 것이었다. 한편 왼쪽 어깨에서 손 끝까지 저리다고도 했다. 그래서 왼쪽으로는 영 눕지도 못하노라고 했다.

첫날 혈압을 재어보니 최저가 120, 최고가 200이었다.

필자는 부인의 얼굴과 손바닥 빛을 살펴보고 신경성 고혈압이라고 판단을 내렸다. 한편 간·췌장·심장도 모두 좋지 않은 것으로 나왔다.

이런 정도면 최소한 한 달 정도는 시술을 받아야만 체질이 바뀌고 병도 완쾌될 것으로 내다보았다.

첫날은 그냥 돌려보내고 이틀째 왔을 때, 필자는 부인이 마주앉아 얼굴을 정면으로 보지 못함을 알았다.

부끄러움을 탈 나이도 아닌 중년부인이었다.

필자는 이상하다고 생각하여 그녀의 눈동자를 자세히 살펴보았다.

아무래도 영혼이 빙의되어 있는 게 분명했다.

"아주머님, 이것 예사병이 아닙니다. 혹시 어려서 사고로 죽은 아들이 없습니까?"

"네, 있습니다. 둘째 아들이 네살 때 이웃집에서 가져온 돐떡을 먹고 갑자기 급체가 되어 미처 손 쓸 틈도 없이 죽은 일이 있습니다."

"이게 바로 죽은 아이가 죽기 전에 괴로워하길래 들여다본 순간 할퀸 자죽입니다. 보기 싫어서 없애 보려고 가진 애를 썼지만 통 지워지지가 않는군요. 젊어서는 이것 때문에 고민도 한 일이 있습니다만, 이제 다 늙은 몸이라 별로 신경을 쓰고 있지 않습니다."

"그러니까 아주머님께서는 늘 죽은 아들을 생각하셨겠군요."

"그야 그렇지요. 아주 영리하고 착한 애였으니까요."

"큰 아드님이 뭔가 말썽을 일으키고 있는 것 같은데, 제 짐작이 맞았습니까?"

"네, 큰 아이는 얼마 전에 집을 나갔습니다. 어느 다방 레지와 좋아 지낸다는군요. 결혼을 승락해 달라는 것을 제가 한사코 반대를 했더니 그만 집을 나가 버렸습니다."
 "큰 아드님과 죽은 둘째 아드님을 비교하여 큰 아드님을 나무란 적은 없습니까?"
 "왜요, 있지요. 큰 애에게 늘 그러곤 했지요. 이렇게 부모의 속을 상하게 하는 네놈이 죽고 작은 아들이 살아 있어야 되는 건데, 하고요."
 "정말 잘못하셨습니다.
 아주머님은 당신도 모르시는 사이에 두 가지 큰 잘못을 범하신 것입니다. 대개 어려서 사고로 죽는 아이의 영혼은 높은 영혼입니다. 그런데 늘 작은 아드님 생각을 하셔서 영혼이 저승으로 가지 못하고 어머니에게 의지하고 있게 한 것이 첫째 잘못입니다. 영혼은 이탈을 하고 싶으나 어머니의 마음이 놓아 주지를 않아서 갈 곳을 찾아가지 못하니까, 제발 자기를 보내 달라는 의사 표시로 아주머님에게 병원에서도 고치기 어려운 병을 안겨 준 것입니다.
 그리고 두번째 잘못은 어려서 세상을 떠난 동생과 항상 비교를 함으로써 큰 아드님의 마음에 소외감과 열등감을 불어 넣어 준 것입니다. 영리했으면 얼마나 영리했겠어요, 네 살 먹은 아이가……. 죽은 동생과 항상 비교당한다는 것은 당사자가 아니면 그 고통을 모를 것입니다."
 부인은 고개를 떨군채 아무 대답이 없었다. 깊이 뉘우치는 태도였다.
 "아주머님께서 죽은 둘째 아드님에 대한 애착을 깨끗이 씻어 버리고 큰 아드님을 진심으로 사랑하시는 마음을 갖게 되면 큰 아드님은 돌아올 것입니다. 그리고 죽은 아드님의 영혼을 저승으로 아주 보내십시다. 그러면 혈압은 정상이 될 것입니다."

필자는 늘 하는 격식대로 제령을 했다. 그러자 부인의 두 눈에서 굵은 눈물이 줄기줄기 흘러내리기 시작했다.

소리도 없이 흘러내리는 눈물——죽은 아들의 영혼이 떠나면서 흘리는 눈물임이 분명했다.

한편 나는 오른 손을 뻗쳐서 부인의 얼룩진 얼굴을 비추었다.

그러자 이상스러운 향내를 풍기면서 20년 가까이 시커멓게 자리를 잡고 있던 얼룩이는 보는 앞에서 희미해지기 시작하더니 나중에는 거의 식별할 수 없을 정도가 되었다.

정말로 신기한 장면이었다.

필자는 이 경험으로 다시 한번 영혼이 존재한다는 사실을 확인한 셈이지만, 그 뒤 이틀 동안 시술을 하니 최고 200이었던 혈압이 160까지 내려 가고 아팠던 허리도 통증이 없어졌다는 이야기였다.

나흘 동안에 걸친 짧은 시술로 고혈압 환자의 용태가 정상이 된다는 것은 보통 상식으로는 있을 수 없는 것이었다. 그러나 영장(靈障)에 의한 병이었기에 이렇게 빨리 체질이 개선된 것이라고 필자는 생각하고 있다.

여기까지는 필자의 체험담을 기록했거니와 다음은 일본의 신흥종교의 하나인 마히까리 문명교단(眞光文明敎團)에서 하고 있는 도사에 의한 빙의된 영혼들을 제령시킨 실화들을 소개해 볼까 한다.

필자가 시술하고 있는 제령법과는 조금 다르기는 하지만 빙의된 영혼들을 제령시키는 원리는 같은 것이라고 생각되기 때문이다.

중병을 앓다가 죽은 사람의 영혼이 기생하면 그와 똑같은 병이 발생한다는 심령과학에서 말하는 이야기가 사실임을 알 수가 있다.

죽은 사람의 유체(幽體)에서 발산하는 독기가 기생당한 환자의 유체에 변화를 가져오기 때문에 처음에는 유사한 증세를 보이고, 시간이 오래 가면 진짜 환자가 되는 예를 필자는 수많이 보아왔거니와 이 이야기도 그 중의 한 가지 예에 지나지 않는다.

6. 소작인(小作人) 부부의 집념

수재(秀才) 아들의 잇달은 범죄

도쿄(東京) 어느 일류 회사의 경리과장으로 있는 가네다 미쓰오(金田光雄)의 부인이 아들인 다로오(太郎)군을 데리고, 오까다(岡田)씨의 집을 방문했다. 이야기를 들어보니 마침 그날은 아들의 형사소송이 판결났으나 패소로 정해졌고 징역 2년, 집행유예 3년의 언도를 받고 돌아오는 길이라고 한다. 이 집행유예 동안에 다시금 잘못이 없도록 부탁드린다고 퉁퉁 부은 눈에서 눈물을 뚝뚝 흘리며 말한 이는 사교계에서도 여왕이라고 불리던 어머니 가네다 부인이었다.

다로오군은 모 일류대학을 우수한 성적으로 졸업한 청년으로 젊은 여성이 한 눈에 반할 만한 미남자였다. 더구나 도저히 범죄를 저지를 만한 사람으로는 보이지 않았다. 어머니의 이야기는 더 계속되었다.

"덕분에 머리가 좋은 애여서 졸업 후의 취직 시험에는 몇 군데의 일류회사에 1,2등이라는 좋은 성적으로 합격했습니다만 결국 어느 증권회사에 입사했습니다. 그런데 1년 반 가량 지났을 때에 갑자기 사기회령의 공범 혐의가 있다고 하여 경찰에 끌려가고 말았습니다. 어떤 사정이었는가 하니, 이

애는 그저 열심히 노력하느라고 하였는데 상사인 주임이 7백만엔 가량 회사의 돈을 축내고 말았다는 것입니다. 본인은 아무것도 모르고, 그 지시에 따라서 열심히 근무하고 있었던 만큼, 아무리 사정을 이야기해도 공범이 아니라는 증거가 없는 탓으로 마침내 재판에 지고 말았습니다. 그래서 회사로서는 아버지의 명성도 있는 터고, 본인의 성적도 우수하므로 죄를 씌우지 않고 양쪽에서 반씩 변상하기로 정하고, 앞으로의 문제는 부모가 보증을 서기로 하였습니다. 우리가 사는 집을 저당잡혔고, 그리고도 모자라는 것은 2년쯤 월부로 갚기로 했습니다. 주인의 퇴직금도 있으므로 그렇게 하기로 합의가 이루어졌던 것입니다. 이때, 아들에게 사준 자동차 따위도 모두 팔아치웠습니다. 이렇게 해서 간신이 사건을 일단락 짓고, 주인과 둘이서 휴우하고 짐이 가벼워졌다고 생각하던 참에 한 달도 지나기 전에 이번에는 자동차 도둑으로 아들이 다시금 경찰에 끌려가고 말았습니다. 저희들은 도대체 어찌 된 것인지 영문을 알 수 없었으나 옥신각신한 끝에, 마침내 오늘날과 같은 판결이 난 것입니다.

주인도 근속 30년으로 겨우 오늘의 지위와 재산을 모았습니다만, 이것으로 모든 것을 잃고 말았으니 정말 사는 것 같지 않습니다. 어떻게 집행유예의 3년 동안을 무사히 보낼 수 있도록 하느님이 보호해 주시기를 요청하려고 찾아뵌 것입니다. 부탁이오니 부디 도와주십시오."

아름다운 부인의 눈이 새빨개지도록 눈물을 흘리며 하소연하는 것이었다.

자초지종을 들은 오까다씨는 진심으로 동정하지 않을 수 없는 사정이긴 하였으나,

"하는 수 없는 일입니다. 댁에는 선대(先代)에서 남에게

금전적으로 몹시 고통을 주고 얻은, 어떻게 보면 횡령이라든가 강탈해서 얻은 재산이 있었던 게 아닌가 생각됩니다. 그 떳떳하지 못한 재산을 없애는 역할을 아드님이 해야만 될 입장에 놓인 셈입니다. 아드님 자신도 전생에서 몹시 떳떳하지 못한 일이 있어서 이 역할을 현세(現世)에서 해야만 하게 된 것이라고 생각됩니다. 우선 이것을 깨달으시고, 댁의 떳떳하지 못한 것을 제거하지 않으면 안됩니다."

하고 권했던 것이다.

조상이 욕심장이였던 군수

어머니와 다로오군이 날마다 도장에 다니게 된 지 5일째되던 날, 다로오군의 몸에 빙의된 영이 떠오르는 것이었다.

원통한 눈물을 흘리면서 그 영(靈)이 말한 이야기는 대략 다음과 같은 것이었다.

——우리는 사실은 가난한 소작인 부부입니다. 이 사람(다로오군을 말함)의 할아버지는 대지주(大地主)였으며, 군수였습니다. 무섭게 욕심이 많은 사람이었습니다.

우리는 단 한 번도 소작미(小作米)를 거른 일이 없었는데 어느 해인가 흉작이어서 아무래도 두 세가마 쯤 쌀이 모자라서 바칠 수 없게 되었습니다. 그래서 금년만은 어떻게 사정을 봐 달라고 부탁했더니 군수가 '좋다'고 승낙해서 한시름 놓았던 것입니다. 다음날 불한당이 대여섯 명 칼을 뽑고 들어와서 느닷없이 '베어 버린다!'고 말하는 것이었습니다. 이건 너무 심하다고 생각되어 화가 치밀었습니다만, '어떻게 좀 참아 주십시요.' 하였더니 '참을 수 없다, 숫자를 채워서 여기에 쌀을 내 놔라!' 하며 명령이 추상 같았습니다.

'도저히 그렇게는 바칠 형편이 못됩니다.'
'그렇다면, 죽여 줄테다!' 하고 그들은 노기 등등하여 칼을 들어 위협하므로 우리 부부는 벌벌 떨고 말았습니다.
'목숨만 살려 주십시오.' 하고 빌어보았더니, '그렇다면 목숨만은 살려준다. 그 대신 집과 전답(田畓)은 몰수한다'고 하여 마침내 전재산을 몰수당하고 말았습니다. 분해서 견딜 수 없었으나 우리에게 힘은 없고, 이제는 먹고 살 수도 없게 되었습니다. 그래서 우리 부부는 의논한 끝에 '죽어서 저 집안에 붙어 원수를 갚자'고 굳게 약속을 하고 함께 자살을 하였습니다.
곧 이어 이 집안의 할아버지에게 큰 손해를 입히고 목숨을 잃게 하여 대략 원수는 갚았습니다. 하지만 지금의 미쓰오[光雄 : 다로오군의 아버지]가 남아 있고 여간 노력가가 아니어서 자꾸자꾸 출세를 하는 것입니다.
그래서 지금 곧 원수를 갚아도 재미가 없다. 본인이 고생한 끝에 돈도 모으고 이제 살만하다고 생각하게 되었을 때, 재산을 송두리째 없애자고 우리 부부는 50년 동안이나 끈기 있게 참고 기다리고 있었습니다. 또한 아이들 중에서 가장 성적이 좋은 아들(다로오군)에게 붙어서 죄를 범하게 하고 부자(父子)를 모두 괴롭힌 뒤에 파산하게 하려고 공작을 꾸미며 이제 간신이 원수를 갚을 수 있게 된 것입니다. 부디 하느님께 용서를 빌어 주십시오. ―

눈물을 줄줄 흘리면서 농사군 부부의 영(靈)은 이렇게 호소하는 것이었다. 이야기를 다 들은 오까다씨는 다음과 같은 말로 정성을 다하여 알아 듣도록 농군 부부의 영에게 타일러서 들려 주었다.
"영계(靈界)의 하느님의 조직과 법칙을 어긴 죄가 얼마나 깊은가 잘 깨닫지 않으면 안된다. 그 죄로 인한 앞으로의 유계(幽界)에서 받을 보복과 속죄 또한 재생하는데 끼치는 영향에 대하여 충분히 속죄하지 않으면 전생에서보다도, 더욱 불행한 근본 인생을 가지고 태어나게 된다.

부부가 함께 자살하게 된 또 하나의 전생의 죄가 부부들 자신에게도 있었던 것이다. 그 죄를 비참하게 죽는 것으로, 또는 유계에서 겪을 괴로운 수업으로 속죄하지 않으면 안 될 영계의 실제의 사정과 또한 유계에서 구원받기 위해서는 하느님의 율법을 지키고 현세에 대한 집착을 버리지 않으면 안 된다."

이와 같은 말을 2,3일 동안 이야기하여 들려 주었더니 3일 만에 부부의 영은 크게 깨닫고,

"면목없는 짓을 저지르고 말았습니다. 부디 우리 부부의 죄를 하느님께 속죄해 달라고 빌어 주시기 바랍니다. 잘못 했어요, 잘못 했어요."

하고 깊이 깊이 후회하는 눈물을 흘리면서 몇 번이나 애원하는 것이었다. 그리고서 부부는 안심하고 유계로 이탈해 갔던 것이다.

그런데 여기서 참고 삼아, 이 농사군 부부가 원수를 갚겠다는 일념으로 어떻게 교묘하게 그 공작을 눈에 보이지 않는 세계에서 꾸몄는지를 설명할까 한다.

자기네 부부를 죽음으로 몰아 넣은 당사자(군수)의 목숨을 빼앗고 재산을 없애게 만든 다음, 곧 다음 대(代)의 가네다가(金田家)에 원수를 갚는다면 재미가 없는 일이었다. 그래서 앞서 말했듯이 50년이라는 기간 동안, 가네다 미쓰오가 힘껏 일하게 놓아 두었다가 간신이 한 밑천 벌어서 이제 살 만하게 되고 직장을 그만둘 시기에 임박해서 한꺼번에 뒤엎

어 버리려고 했다. 그 치밀한 계획성과 참을성은 불행하게 죽은 농사꾼 부부의 망령의 무서울 정도의 집념이라고 말할 수밖에 없다.

원수를 갚기 위해서 노리는 목표를 그 집에서 가장 희망을 걸고 의지하고 있는 성적이 좋은 다로오군으로 정한 점은 효과를 충분히 생각한 방법인 것이다.

아들의 직장을 사기횡령을 꾀하고 있는 주임 밑에 갖도록 했던 것이다. 또한 교묘하게 공범이 되도록 꾀하고 있는 것이다.

첫번째의 사건이 겨우 해결된 다음, 두번째 '자동차 도둑' 사건을 한 방법도 참으로 교묘한 짓이었다.

그 사정을 본인의 이야기를 들어 소개한다면 대략 다음과 같다.

사기횡령 사건의 판결이 난 뒤, 다로오군이 집에서 할일 없이 세월을 보내던 한 달쯤 지난 어느 날의 일이었다. 부부영(夫婦靈)의 공동작업으로 다음과 같은 일을 교묘하게 꾸몄던 것이다.

우선 다로오군을 유도해서 근처로 산책을 나가게 하였다. 또한, 한편으로 아내의 영이 전혀 관계가 없는 지나가는 승용차 운전수에게 빙의되어 자동차를 다로오군의 눈에 띄는 곳에 주차시켜 놓았다. 다로오군은 자기의 팔아치운 자동차와 연대도 형(型)도 같은 차였으므로, 그만 반가운 나머지 운전수가 없는 것을 다행으로 여기고 저도 모르게 차를 어루만지고 있었다. 그러자 운전석의 문이 저절로 홱 열렸던 것이다. 문을 연 것은 실은 영(靈)이었고, 이는 영(靈)의 물리현상의 좋은 본보기이다.

잠시 운전을 해보고 싶은 충동이 생겨 핸들을 잡고 집 앞까지 몰고 왔다. 나중에 제 자리로 갖다 놓으면 된다고 영(靈)은 간단히 생각하게 한 것이다.

그곳에 때마침 대학시절의 친구 세 사람이 찾아왔다. 모두 부잣집 아들들로 더구나 그날은 셋이 모두 용돈을 부모에게 듬뿍 받아온 터였다. 다로오군이 운전하고 온 차를 보더니,

"여보게 이거 자네 차겠지?"

다로오군으로서는, 이러 이러한 까닭으로 자기의 차는 팔았노라고 말할 처지가 못되었었다. 더우기 형(型)과 연대가 같은 차였으므로 "응, 내 자동차야." 이렇게 말했던 것이다.

"그렇다면, 잠간만 빌려 주게나, 셋이서 한 바퀴 돌고 와도 괜찮겠지?"

그렇게들 말을 하는데 거절하는 것도 이상하여, 고작해야 그 근처를 돌고 올 것이라고 생각했으므로 그만 그대로 빌려 주었던 것이다.

그런데 그때부터 영의 치밀한 조작이 작용하여 큰 일이 벌어지고 말았다. 한 시간이 지나고 두 시간이 지나도 친구들은 돌아오지 않았다.

그날은 끝내 돌아오지 않았고 이틀, 사흘, 닷새가 지나고 열흘이 지나도 소식이 없었다. 하지만 돌아오지 않는다고 해서 남의 자동차이니 경찰에 알릴 수도 없는 터였다.

더구나 사기횡령 사건이 겨우 수습이 된 직후이니만큼 부모에게 고백한다는 것도 겁이나서 할 수 없었고, 혼자서 속을 바싹바싹 태우며 불안한 가운데 한 달이 지나고 말았다.

그러던 한 달째 되던 어느 날, 갑자기 경시청에서 형사가 와서 손목에 수갑을 덜컥 채우는 것이었다. 아닌 밤중에 홍두깨격인 부모는 무슨 영문인지 몰라 깜짝 놀라기만 했다. 여러가지 사정을 듣고 보니 앞서 말한 그런 사정이었다.

친구 세 사람은 곧 돌아올 예정으로 차를 몰고 나갔으나 그 가운데의 한 사람이,

"여보게 그 친구의 자동차라면 괜찮겠지, 어데로 멀리 가 보세나?"

"용돈은 충분한가? 난 오늘 받았다."

"그거 이상한데, 나도 오늘 받은 걸."

이와같이 곧 뜻이 일치되어 이즈·아다미·하꼬네 등으로 차를 몰았는데, 차츰 신이 나서 마침내 한 달 동안이나 놀며 돌아다녔던 것이다.

드디어, 용돈이 떨어져서 용돈을 더 타내기 위해서 돌아오는 도중에 교통사고를 일으키고 경찰의 신세를 지게 되었던 것이었다.

그런데 차주인이 마침내 1주일 전에 도난계를 제출했기 때문에 범인은 다로오군이 되었던 것이다.

재판을 한 결과 재범을 한 것으로 실형 2년, 집행유예 3년 이라는 판결을 받은 것이었다.

이런 형편으로 사소한 일이 계기가 되어 큰 결과를 초래하게 만든 것이 영(靈)의 고백으로 그들 농사꾼 부부의 영의 짓이었음이 명백해졌던 것이다.

7. 도벽으로 괴로워 하는 여자

술집 여주인의 호소

어느 유명한 술집 여주인의 동생인 미쓰에(美律江) 양은 F은행에 근무하는 어느 남성과 반년 전부터 알게 되었다. 결혼할 것을 진정으로 생각하게 되었으나, 미쓰에 양에게는 도저히 결혼까지 할 수 없는 사정이 있었다. 까닭인즉 자기로서도 어쩔 수 없는 못된 버릇이 있었기 때문이었다. 2년쯤 전에, 백화점에서 무심코 핸드백을 들고 온 것을 계기로 그 뒤 고질이 된 도벽(盜癖)이 생겼기 때문이었다.

만약 이 일이 애인에게 알려지고 은행에서 알게 된다면, 하고 생각하니 결혼에 대한 말을 도저히 할 수 없었던 것이다. 그에게 모든 것을 고백할까 하고 망설이던 어느 날, M백화점에 들어가서 콤팩트를 자기도 모르게 손 안에 숨기고 있었다. 그러자 누군가에게 손목을 꽉 잡히고 말았다. 깜짝 놀랐으나 이미 엎질러진 물이었다. 도난 상습범으로서 경찰에 입건되었다.

재판 결과는 1년의 실형에 집행유예 2년의 판결을 받았다. 그 재판소에서 돌아오는 길에 술집 여주인에게 인도되어 미쓰에 양은 언니의 가게에 도착했다. 술집 여주인의 말에 의

하면,

"미쓰에는 대단히 유능한 아이인데, 그만 이렇게 되었어요. 만약 이 이상의 일이 생긴다면 영업에도 지장이 있고, 미쓰에의 애인에게라도 알려지게 되면 큰 일이 납니다. 정말 곤란하게 되었습니다. 이미 지난 일은 할 수 없지만, 부디 집행유예 기간 중에 다시 범죄를 일으키지 않도록 협조해 주셨으면 합니다."

하고 동생의 장래를 걱정해서 울며불며 호소하는 것이었다. 미쓰에 양은 자기가 그런 짓을 할 때의 심리상태에 대하여,

"나노 알지 못하는 사이에 물건을 훔치고 맙니다. 이런 일이 있을 수 있을까요?"

하고 말하는 것이었다. 술집 여주인은 덧붙여서 다음과 같이 말했다.

"미쓰에는 이상할 정도로 술을 좋아합니다. 저의 집에서 이런 장사를 하는 탓으로 어데다 숨겨 두어도 반드시 찾아내서 마셔 버리는 겁니다. 그 결과 남의 물건을 슬쩍하는 버릇이 있으니까 주벽(酒癖)도 고약하다고나 할까요?"

미쓰에 양은 술을 마시면 덮어놓고 밖으로 나가고 싶어진다는 것이다. 그래서 돌아와 보면 어느덧 핸드백을 들고 있거나 시장바구니 속에 여러 가지 상품이 들어 있곤 하다는 것이다. 처음에는 제 정신이 들면 절도범으로 몰리지나 않을까 하고 무서워졌지만, 이제 와서 백화점이나 가게로 물건을 돌려주러 갈 수도 없고 경찰에다 알리면 더구나 자기가 의심을 받을 것이었다. 언니에게도 애인에게도 말할 수 없어서 고민하고 있었으나 어느덧 차츰 물건이 많이 쌓이게 되어 마침내 그 무렵에는 재미있다는 생각조차 들게 되었던 것이다.

물건을 훔치기가 수월해지고 교묘해지기도 하여, 아주 도벽이 고질병으로 바뀌고 말았다. 그와 같은 사정을 경찰에서 자세히 설명하였으나, 아무리 말해도 통하지 않았다. 이와 같은 상태를 스스로 억제할 수 없는 형편이었으므로 오히려 누군가에게 빨리 구원을 청하기 바랬었다……고 미쓰에 양은 하소연했다.

이중인격(二重人格)의 비밀

사람은 자신도 모르는 사이에 무엇인가 일을 저지르고 만다. 다른 인격이 한 인간 속에 있는 이와 같은 상태를 병리학적(病理學的)으로 이중인격(二重人格)이라고 부르고 있고, 《지킬박사와 하이드씨》라는 유명한 소설도 있다. 하지만 소설 속에서라면 몰라도 현실적으로 그와 같은 상태가 생겨도 심령과학(心靈科學)이 뒤떨어진 현대의 우리나라에서는 경찰이 이를 진정으로 받아들이지 않는 것도 무리가 아닌 이야기다.

그도 그럴 것이, 평상시의 미쓰에 양은 병색이라고는 추호도 찾을 수 없는 명랑한 여성인 것이다.

도사(導士)가 미쓰에 양의 영을 제령해 보니, 곧 빙의령의 정체가 나타난 것이다. 그것은 미쓰에양의 돌아가신 아버지가 돌봐 주던 첩의 영(靈)이었다. 할아버지가 살아 계신 동안 버림을 받고 불행하게 병으로 죽었으므로 할아버지의 소행을 원망하여 할아버지에게 빙의되어 곧 그를 죽게 하고, 그런 다음 손녀 딸인 미쓰에 양에게 빙의된 것이다.

원한을 풀기 위해, 미쓰에 양에게 술을 많이 마시게 하고, 취하게 만들어 제 정신을 잃게 하여 물건을 훔치게 만든 일을 영이 자백하는 것이었다.

　7일 동안 마히까리(眞光)에서 시술을 받는 동안, 첩의 영은 스스로의 잘못을 깨닫고 이탈(離脫)해 간 것이다. 그러자 그토록 술을 좋아하던 미쓰에 양이 술을 딱 끊고 그와 함께 도벽과 술마시는 버릇은 생각치도 않게 되었다.

　그런 일이 있은 지 반 년 뒤, 은행에 근무하는 그이와 무사히 결혼까지 하게 된 미쓰에 양은 젊은 주부의 행복을 한껏 맛보는 결혼생활을 시작한 것이다.

8. 회복된 심장의 구멍

어머니의 주문(呪文)

　우에다 아사꼬(上田淺子·가명)양은, 국민학교에서 제일 처음 신체검사를 받았을 때 심장판막증이라는 진단이 내려져서, 체육과 청소를 하지 말라는 주의를 받은 다음부터 소녀다운 활발한 놀이와는 인연이 먼 생활을 하게 되었다.
　줄넘기 조차도 숨이 가빠서 계속할 수 없는 형편이었다. 반 아이들이 공던지기나 배구를 하며 노는 모습을 날마다 곁눈질로 바라다 볼 따름이었다.
　국민학교, 중학교, 고등학교로 진학함에 따라 심장의 증상도 조금씩 악화되었다. 층계를 오르내리거나 언덕길을 올라갈때는 곧 숨이 끊어질 것만 같았다.
　사회생활을 하게 되어서도 그와 같은 상태가 계속되고, 해마다 자기의 몸이 땅 속으로 가라앉는 듯한 어두운 생각만 더해 가는 것이었다. 회사에 근무하는 일도 차츰 생각대로 되지 않고 마침내는 거의 식욕을 잃게 됐으며, 뼈만 앙상하게 비쩍 마르고 몸을 움직이는 일조차 괴로운 형편이었다.
　이곳 저곳의 병원을 다니며 진찰을 받았으나, 확실한 병명을 알 수 없었다. 겨우 동경대학의 흉곽외과에서 심장 카테

에텔법이라는 검사를 한 결과, 선천성 심실중격결손증이라는 진단이 비로소 내려졌다.

　심실(心室)에 직경 1.5센티 가량의 구멍이 뚫려 있다는 것이었다. 수술하는 것 외에 치료 방법이 없고, 그렇게 하려면 데드론패치로 구멍을 막아야 한다는 것이었다. 수술을 하면 보통사람과 같을 정도는 못되더라도 어느 정도의 건강은 유지할 수 있다는 의사의 말이었다.

　그녀가 스물 여섯살 때의 여름이었다. 다음 해 2월 20일, 병원에서 연락을 받고 기모또(木本) 교수의 흉곽외과에 입원했다. 입원한 다음 날부터 미열이 나기 시작했다. 열은 수술하는 데 있어 가장 두려운 것이었다. 열을 내리기 위한 약과 주사를 무조건 먹고 맞게 되었다.

　하지만 첫번째의 수술 날이 되어도, 열은 37도 4부 이하로는 내려가지 않으므로 수술은 중단되었다. 다음의 예정일은 28일로 정해졌으나 그날이 되어도 열은 내리지 않는 것이었다.

　마침 볼일이 있어서 상경할 예정이었던 아주머니는, 2일뒤 평상시와 같은 건강한 모습으로 병원을 찾아 왔다. 아주머니는 오래간만에 보는 우에다 양이 바싹 마르고, 얼굴이 창백한데 놀라면서 '사실은 수술 같은 것 받지 않고도 고칠 수 있는 좋은 방법이 있단다.' 하면서 '마히까리(眞光) 시술법'에 의한 체험담을 말해 주었다.

　또한 이 이야기를 하는 동안, 아주머니는 그녀의 옆에 앉아서 심장의 뒤 근처를 20센티 가량 떼어서 손을 대고 있었다. 하는 대로 잠시 맡기고 그렇게 하고 있으려니까, 어쩐지 심장 근처가 후끈하며 따뜻해졌고, 어쩐지 숨을 쉬기가 편해진 것 같았다. 아주머니는 심장병을 비롯하여 암·천식 따위의 업병(業病)이나 난치병이 이 '마히까리 시술'로 완치되어 가는 실제 보기를 몇 가지 들어서 들려 주었다. 40분쯤 여기 저기 손을 댄 다음,

"이제 오늘은 이 정도로 해 두자. 글쎄, 수술 같은 것 받지 않고도 나을 수 있으니까, 수술 받는 것 그만두는 게 어떨까……."

아주머니는 그렇게 말하고 돌아갔던 것이다.

도대체 무슨 주문을 외운 것인지, 하고 그녀는 이상하게 여겼으나, 잠시 후에 아주머니가 말한 대로 소변을 보았다. 그것이 지금까지 하루의 분량이 700cc를 넘은 일이 없었는데, 그때에 한하여 1,200cc나 보았던 것이다. 그것과 또 한 가지 이상한 일은 무겁던 몸이 갑자기 가벼워져서 뭐라고 표현할 수 없을 만큼 상쾌한 기분이었다.

문득 충동적으로 침대에서 내려 용기를 가지고 마루 위에서 살짝 뛰어 올라가 보았다. 별로 힘들이지 않고 몸이 공중으로 떠 올랐다. 걷는 것조차 간신히 걸었던 몸이 뛰어 올라도 아무렇지도 않다니! 그녀는 이루 형용할 수 없이 감격하고 이상한 느낌에 사로잡혔던 것이다.

빙의된 영에게 칭찬받다

'수술하지 않고도 나을 수 있다'고 말한 아주머니의 말이 머리 속에서 떠나지 않았던 것이다. 그녀는 지금까지 하루 건너 병원에서 하고 있는 수술 결과를 눈으로 보고, 귀로 듣는 사이에 차츰 수술을 받는다는 것이 무서워진 것이다. 죽어서 나오는 사람도 있었다. 일단 수술에는 성공을 하였어도 회복실에서 오랜 시간에 걸쳐 산소흡입을 하거나, 다 죽어

가는 얼굴빛으로 돌아오는 사람도 있었다. 출혈이 심해서 소동을 일으키는 일도 있었다. 전기 쇼크를 받지 않으면 움직이지 못하는 사람도 있었고, 배에 호오스를 넣는다든지 턱 밑을 크게 자른다는 식으로 등골이 오싹할 만한 일만 보아왔던 것이다.

그와 같은 사람들을 몇 사람씩이나 보아 오는 가운데, '수술을 받지 않고 사는 날까지 살아가리라. 죽을 때는 태어 났을 때의 모습 그대로를 간직한 채 죽어야겠다'고 생각하기 시작한 것이다.

그럴 때, 공교롭게도 세번째 수술날이 정해졌다. 3월 9일이었다. 수혈부(輸血部)에서는 수술하는 데 필요한 40명분의 피를 얻으러 왔고 수술에 대한 주의까지 하고 갔다. 담당 의사들은 이 열이 더 이상 내려가지 않을 테니까, 이대로 수술을 해도 괜찮지 않을까 하고 수술을 하기로 결정했던 것이다.

하지만 막상 수술할 단계에 이르러 기모또(木本) 교수가 마지막 회진(回診)을 하였을 때,

"다시 한번 상태를 두고 본 다음에……"

하는 한 마디로 연기하기에 이르렀다.

그녀는 퇴원하기로 결심하였다. 병원이라는 곳은 일단 입원 수술하기로 정해진 사람은 좀처럼 퇴원을 허락하지 않는 곳이다. 그녀는 아버지께 와달라고 하여 의사와 교섭해 주기를 부탁하고 옥신각신 한 끝에 겨우 퇴원할 수 있었다.

이상하게도 퇴원하여 다까자끼(高崎)의 자택으로 돌아오자, 입원한 뒤로 계속되던 열이 거짓말처럼 떨어지고 그와 함께 몸은 예전처럼 무겁고 움직이기도 힘들게 된 것이다.

돌아오자 곧 아주머니에게 이끌려서, 기차로 두 시간 쯤

걸리는 기리우(桐生) 도장까지 '마히까리 시술'을 받으러 다녔던 것이다. 두번째는, 마에바시(前橋)에서 초급의 연수회가 열린다는 말을 듣고 3일 동안 정신없이 다녔다.

연수 후에도 도사는 되도록 날마다 다니라고 말하는 것이었다. 서 있는 것만도 괴로워서 힘이 드는 형편인데, 날마다 다닐 수 있을까? 도중에서 죽는 거나 아닐까? 하고 생각하니 불안하였으나, '이제 하느님 외에는 아무도 나를 구해주시지 못한다. 설령 죽는 일이 있더라도 그것이 자기에게 주어진 길이라면 하느님께 맡기는 수밖에 없다'고 마음을 정하고 한 달 가량 다녔던 것이다.

어느 날, 아주머니께서 위폐(位牌) 만드는 일을 부탁하고 돌아오니 위경련 때와 같은 참을 수 없는 통증이 일어났다. 늘 도사께 들은 영(靈)의 장난이라는 걸 알고 스스로 마음을 가다듬어 기도를 들였으나 통증은 점점 더해 갈 뿐이었다. 마침내 쭈구린 채 일어설 수도 없었다.

동생이 의사를 부르려는 것을 바듯이 뿌리치고, 가까운 신자의 집까지 차로 데려다 달라고 하였다. 그 집에서는 때마침 신자들의 모임이 열렸었으나 실려 온 그녀를 보고 사람들은 유령이 나타난 것처럼 놀랐다고 한다.

그 집에 와 있던 도사가 곧 이마에 손을 대자 지금까지 그런 일이 없었을 만큼 심하게 손이 떨리며 빙의된 영이 말하기 시작한 것이다.

"아사꼬 양은 너무도 마음씨가 곱고 열심이어서 나는 지고 말았습니다. 모든 것을 참회하고 오늘 밤에 영계(靈界)로 돌아가려고 합니다."

여성의 공손한 말투로 자기의 의지와는 상관없이 자기의 입이 이야기를 할 때, 아사꼬 양은 가슴이 터질듯이 놀랐던 것이다. 그만 엉겁결에 눈이 떠질것 같은 것을 간신히 참았다. 자기의 입으로 자기가 칭찬을 받는다는 것도 주위 사람들에 대하여 창피한 노릇이었다. 그 말을 시작으로 하여 빙의된 영(靈)은 끊임없이 고백하기 시작한 것이다.

"아사꼬 양이 태어난 지 11개월 되던 때, 어머니가 없는 틈을 타서 끓는 물을 뒤집어 씌운 것은 바로 나입니다. 꼴보기 싫어서, 보기 싫게 만들어 주려고 생각했던 것입니다. 열 살 무렵에 아사꼬 양은 자살을 하려고 하였습니다. 내가 일부러 그런 생각을 갖게 만들었습니다. 열 일곱살 때에는 맹장(盲腸) 수술을 시키고 목숨을 거두어 가려고 하였으나 실패하고 말았습니다. 그때 사실은 맹장 같은 것이 아니었던 겁니다. 아사꼬 양이 타고 있던 자동차의 핸들의 밑둥을 꺾어서 벼랑에서 떨어뜨렸습니다. 스물 세 살 때입니다. 하지만 누군가 살려 주었던 것입니다. 분해서 견딜 수 없었습니다. 이윽고 아사꼬 양이 오토바이 뒤에 탔을 때 오토바이를 쓰러뜨렸습니다. 죽이려고 하였던 것입니다. 이번의 수술도 내가 받게 하려고 했던 것입니다. 입원하기 전에 자살하겠다는 기분이 들게 한 것도 내가 한 짓이었습니다."

다시 태어난 기쁨

한번 지껄이기 시작한 빙의된 영(靈)은 여간해서 진혼(鎭魂)이 되지 않는 것이었다. 우에다양이 고또(琴)를 열심히 연습했는데, 고또를 타는 동안만은 도저히 장난을 칠 수 없었던 일과 그녀는 고또로 자립하려고 고또를 연습할 때만은 4시간 가량 계속 타고 있어도 전혀 고통스럽지 않았던 것이다. 마음을 가다듬고 있는 상태는 영적(靈的)으로 중요한 영향을 끼친다. 이 사람은 마음이 고와서 아무리 죽이려고 하여도 언제나 누군가가 살려 주곤 하여 분해서 견딜 수 없었다고 말하는 것이었다. 또한,

"지금까지의 일을 모조리 참회하고, 오늘 밤 안으로 영계(靈界)로 돌아가겠습니다."

이렇게 말하면서 실로 두 시간에 걸쳐서 이야기를 계속했던 것이다. 도사(導士)가,

"아무리 자기가 육체에서 도망치려고 생각해도, 당신이 완전히 깨끗해져서 하느님의 허락하심을 받지 못하는 동안은 나갈 수 없어요. 그러니까 오늘 밤에는 이제 진정하시오."

하고 훈계를 하였으므로 겨우 진정했던 것이다.

영이 진정하고 우에다 양이 제 정신으로 돌아오자 그녀는 지금까지 저렇듯 괴롭고 답답하던 심장이 거짓말처럼 거뜬해졌고, 쏴아 하고 들리던 심음(心音)이 전혀 들려오지 않은 것이었다.

갑자기 세상이 환해진 듯하고, 다시 태어난 듯한 상쾌한 기분으로 꽉 찬 자신을 발견할 수 있었다. 올 때에는 떠메어서 왔으나, 지금은 아주 몸이 가벼워졌고 저도 모르는 사이에 이렇게 걸음을 옮기고 있는 게 아닌가.

너무도 벅찬 기쁨에 주위의 아무나 붙잡고 이야기를 하고 싶다는 충동을 억제할 길이 없었다. 하지만 어쩌면 이다지도 신기한 경험을 하였단 말인가.

빙의된 영은 그녀조차도 잊고 있는 과거의 사실을 차례로 분명히 말한 것이 아닌가!

영이 말해 준 사건의 하나 하나는 새삼스럽게 기억을 더듬어 볼 때, 모두가 생각나는 일들 뿐이었다. 또한 재미있는 일은 각각 사건이 일어났을 때의 자기 나이는 영의 이야기를

들기 전까지만 해도 분명치 않았고, 다만 학교에 다니던 때의 학년만 기억하고 있었다는 일이었다.

아기였을 때, 끓는 물을 뒤집어 썼던 일은 어머니에게 들어서 알고 있었다. 돌날이 되기 한달 전에 있었던 일이었다고 하였다. 어머니는 펄펄 끓는 물이 담긴 주전자가 걱정이 되어 아기를 멀리 떼어 놓아 눕힌 뒤, 다른 방으로 물건을 가지러 갔었다.

잠깐 사이에 돌아와 보니 아직 제대로 길 줄도 모르는 아이가 어떻게 그곳까지 간 것인지, 주전자를 들고 서 있었다고 한다. 깜짝 놀란 순간에, 끓는 물을 얼굴에 뒤집어 쓰고 아기는 딩굴고 있었다.

아기의 얼굴을 본 의사는 이래서는 눈을 먼저대로 뜰 수 있을지 보증할 수 없노라고 말했었다. 계집애인 만큼 부모는 적지 않게 걱정했으나 이상하게도 그 뒤, 아무 상처도 남기지 않고 깨끗이 나은 것이었다. 당시 의사에게 다닐 때 사용했다는 얼룩 투성이의 목도리를 나중에 어머니가 내미는 것을 본 일이 있었다.

자살을 하려고 결심한 것은 국민학교 4학년 때의 일이었다. 어머니가 막내 남동생을 낳은 뒤, 심장판막증과 심장비대증을 앓아 뼈와 가죽만 남게 되었다. 어느 날 의사로부터 오늘 밤이 고비라는 선고를 받게 되었다.

그날 밤, 아사꼬 양은 집 밖으로 나가서 어머니의 죽음을 기다리고 있었다. 그토록 사랑해 주던 어머니가 안 계신 이 세상에 살아 있어도 소용이 없다고 생각했다.

갑자기 머리 속에 화물열차가 달리다가 급정거할 때의 칙하는 소리가 들려왔다가는 곧 사라지고 말았다.

"그렇다, 기차에 뛰어들어 죽어 버리자."

그렇게 마음 속으로 정하자, 갑자기 마음도 몸도 맑아진 듯한 느낌이었다. 곧 이어 현관으로 나오는 의사의 목소리가 들려 왔다.

"정말 다행입니다. 정말 기적이 일어난 겁니다."

그 말을 듣자 아사꼬 양은 온 몸의 힘이 빠지고 말았다. 어머니는 의사가 신기하게 여기는 가운데 회복이 되었던 것이다. 판막증은 깨끗이 없어지고 심장비대증만 조금 남았노라고 말했다. 계산해 보니 그녀가 10살 때의 일이었다.

악령도 항복하다

고등학교 2학년 가을에, 참을 수 없을 만큼 심한 복통이 일어나 어머니에게 이끌려 의사에게 간 일이 있었다. 맹장염이라는 진찰을 받고 다음 해의 수학여행도 있는 터여서, 수술을 하자고 하여 부모의 입회아래 수술을 받았었다.

그런데 수술한 결과가 좋지 않아서 새벽녘 5시 쯤에 하마터면 저승으로 갈 뻔하였던 것이다. 그녀는 어딘지도 모르는 위도 아래도 텅 빈 공간에 걸린 계단을 올라가고 있었다. 그녀는 누군지도 모르는 사람의 명령으로 열심히 오르고 있었다.

어딘가 멀리서 아사꼬, 아사꼬 하고 어머니가 목이 메어 부르는 소리가 들려 왔다. 그녀는 여기에 아랑곳 없이 올라가고 있었으나 너무도 끈질긴 목소리에 겨우 정신을 차리고 층계를 내려가자 잠이 깨었던 것이다. 눈물로 퉁퉁 부은 어머니의 얼굴이 눈 앞에 보이고 주위를 수많은 간호원들이 둘러싸고 있었다. [이렇듯이 본령(本靈)이 육체를 떠나서 유계를 방황하는 일이 때때로 있다.]

수술에 입회한 부모의 이야기로는, 의사가 잘라낸 살점은 빨간 색이었으므로, 이상한 생각이 들었다는 것이다. 수술하는 맹장은 거무스름한 것이라니까, 사실은 맹장이 아니었었다는 영(靈)의 말이 옳은 말이었는지도 모른다.

자동차 사고를 당한 것은 영이 말했듯이 23살 때였다. 동생이 운전하는 차를 타고, 왼쪽이 벼랑으로 된 산 길을 달리고 있었으나 오른쪽 커브에서 갑자기 핸들의 고장으로 곧바로 달려가 벼랑 밑에 굴러 떨어졌다. 어찌된 셈인지 마침 차가 굴러 떨어진 곳에만, 지름이 15센티 가량의 가는 삼나무가 일곱그루 가량 돋아나 있었다. 한 바퀴 반을 회전한 자동차는 간신이 그 나무에 걸려서 멎었던 것이다. 배터리에 들어 있던 황산이 흘러서 동생도 함께 황산을 뒤집어 쓰고 말았다. 동생 쪽은 다리에 많이 묻어, 한 동안 병원에 다녔었으나 그녀는 나일론 양말이 녹고 블라우스와 스커트가 녹았을 정도였으며 몸에 상처 자국 한개도 없었던 일은 정말 이상한 노릇이었다.

레커차가 와서 자동차를 끌어올린 순간, 어찌된 일인지 삼나무는 뿌리채 무너져서 그대로 벼랑 밑으로 떨어지고 말았다.

차를 끌어올린 사람들이 자꾸 이상하게 여기고, 삼나무를 공양하는 게 어떠냐고 하는 의견까지 나왔을 정도였었다. 끌어올린 차를 점검해 보니 핸들의 셔프트가 뿌리께서부터 부러져 있었다. 집에서 나올 때 샅샅이 점검(點檢)을 하였던 동생은 까닭을 알 수 없다면서 이상한 표정을 지었던 것이다.

그러나 오토바이 사고는 여름의 저녁에 바람을 쐬러 나갔다가 일어난 일이었다. 그녀는 동생이 운전하는 오토바이 뒷

자리에 타고 있었다. 오르막길이었고 때마침 트럭의 왕래가 빈번한 시간이었다.

오른 쪽 커브로 접어들자 갑자기 오토바이가 미끄러져 뒤집히고 말았다. 아사꼬 양은 길의 한가운데에 내동댕이쳐졌다. 정신없이 기어서 길가로 도망친 바로 그 순간에 그녀의 몸 바로 옆으로 덤프차가 달려갔던 것이다. 소름이 오싹 끼치는 아슬 아슬한 순간이었다.

이번의 심장수술로 입원하기 전, 모든 것이 귀찮아져서 문득 '죽어 버릴까'하고 생각한 일이 있던 것도 영(靈)이 말한 대로였다. 순간적으로 그렇게 생각했을 따름이었으므로 자기도 잊고 있었으나, 그런 생각이 들게 만든 것이 영의 작난이라고 하니까, 영장(靈障)이란 정말 무서운 것이라고 생각되었다.

그렇더라도, 지금까지 몇 번씩이나 죽음의 위험을 당하면서 기적적으로 살아온 것은 어찌된 일일까? 이번의 수술만 해도, 입원한 뒤로 미열이 계속된 덕분에 마침내 세 차례나 수술을 면하게 된 결과가 된 것이었다. 자기를 죽음으로 몰아 넣으려는 영(靈)의 끈질긴 암약에도 불구하고 그때마다 한편으로는 눈에 보이지 않는 신비스런 힘이 작용해서 자기를 구해주곤 했던 일을 그녀는 뼈저리게 느낄 수밖에 없었다 [이와 같은 현상은 강력한 수호령에게 보호를 받고 있는 경우와 빙의된 영이 본인을 살려 두고, 괴롭힐 만큼 괴롭힌 다음에 목숨을 앗아가는 경우와 두 가지가 있는 것이다].

빙의된 영이 비로소 참회한 날로부터 며칠 뒤의 영사(靈査)에서 또한 다음과 같은 새로운 사실이 알려졌다.

영은 37세에 죽은 여성이었다. 어머니와 단 둘이서 아사꼬 양의 집 근처에서 가난하게 살고 있었으나, 서른 일곱 살이 되도록 혼담도 없었던 외로운 생활을 하다가 세상을 비관한 나머지 목을 매고 자결을 하였던 것이다[이 이야기를 할 때, 아사꼬 양의 머리에 일본 옷을 입은 여성의 모습이 몹시 어둡고 외로운 느낌으로 떠 올라 왔다는 것이었다].

아사꼬 양이 태어난 지 두달째 되던 때 빙의가 된 것이다. 아사꼬 양의 가정이 자못 행복해 보였던 것과 그녀가 모든 사람에게, 사랑을 받고 아낌을 받는 게 부러운 나머지 달라 붙었다는 것이다.

또한 아사꼬 양이 자기의 생애와는 비교도 되지 않을 정도로 행복한 것이 분하고 지금까지 갖가지 장해(障害)를 가하여서 죽이려고 하였으나 결국 목숨을 빼앗을 수 없었다. 자기는 그 보답으로 현재는 비참한 동물의 몸으로 전생(轉生)하게 되었다.[무슨 동물령(動物靈)이냐는 도사의 물음에 대하여 창피하니까 묻지 말아 달라고 대답하는 것이었다.]

"이 사람(아사꼬 양)은 정말로 마음씨가 고운 다정한 사람이니까, 이제 더 이상 아무 것도 하지 않고 영계로 돌아 가겠습니다. 부디 지금까지의 저의 잘못을 모두 용서받게 해주십시오."

하고 다다미에 손을 짚고 머리를 깊이 숙여서 사과를 하는 것이었다.

우에다 양의 건강은 이 일을 계기로 하여 날로 회복이 되어 갔다. 수술을 하지 않고는 목숨을 보증할 수 없다고 동경 대학병원에서 말하던 선천성 심실중격결손증도 아랑곳없이 창백하게 여위었던 볼도 이제와서는 화장할 필요도 없이 환한 빛을 띠고 계단을 뛰어서 오르내릴 만큼 건강한 나날을 보내고 있는 그녀로 변한 것이다.

9. 후처를 싫어 한 젊은 아내의 영혼

덤벼든 큰 개

1969년, 아직 이른 봄인 3월의 중순 무렵이었다. 늘 열심히 도장에 다니는 나까야마 하쓰꼬(中山初子·가명)양에게 이끌려 30세 안팎으로 보이는 여성이 오까야마 도장을 찾아왔다. 나까야마 양이 도사(導士)에게 이야기한 사정은 다음과 같은 것이었다.

함께 데리고 온 이는 이웃에 사는 데라다 요시꼬 양(寺田吉子·가명)으로 바로 4,5일 전 저녁 때, 퇴근길에 자택 바로 옆에서 커다란 개에게 오른 쪽 무릎 밑을 물렸던 것이다. 데라다 양이 큰 소리를 지른 것을 듣고 가까이에 있던 나까야마 양이 달려 온 것이다. 쭈그리고 있는 데라다 양의 발 밑을 보니, 물린 상처에서 피가 줄줄 흘러내리고 있었다. 순간적으로 나까야마 양은 갓 배운 마히까리(眞光) 요법을 써보았다. 정신없이 하는 것이었다.

"이렇게 하면 곧 피가 멎으니까요."

상처를 향해 손을 뻗히면서 나까야마 양은 간단히 시술에 대한 설명을 했다. 얼굴이 창백해진 데라다 양은 아픔을 참으면서 다소 불안한 표정이었다. 불과 3,4분이나 지났을까,

"어머, 아프지 않아요?"
 하고 데라다 양은 가만히 말했다. 그 목소리를 들으면서 나까야마 양은 계속 손을 뻗치고 있었다. 피가 흐르던 게 차츰 멎었다.
 완전히 멎을 때까지는 7,8분이나 걸렸을까. 그것을 확인하자 나까야마 양은 마음이 놓였다. 말로 표현하지는 않았으나 데라다 양의 눈빛에는 감사하는 빛이 가득차 있었다.
 이런 소동을 듣고 개 주인이 집 안에서 나와 두 사람 옆에서 아까부터 안절부절 못하고 있었다. 개 주인은 의사에게 가자고 간곡히 권하였었다. 데라다 양은 아픔도 사라지고 피도 멎어서 마음이 놓였었는지 개 주인의 권유를 거절하고 일단 스므 발자국도 떨어지지 않은 자기 집으로 돌아가고 말았다. 나까야마 양은 자택까지 동행하여 현장에서 하지 못했던 몸의 다른 부분에도 시술을 하였던 것이다. 그러는 동안에 나까야마 양은 이 시술이 부상을 입었거나 여러 가지 병을 고치는 실례를 몇가지인가 말해 들려 주었다.
 또한 병원에 가지 않아도 자기가 가끔 와서 이렇게 손을 얹으면 걱정할 것이 없다고 덧붙여 말했다.
 데라다 양의 다리의 상처는 다음 날부터, 저녁 때가 되면 찾아오는 나까야마 양의 시술한 효과도 있어서 나날이 아물어 갔다.
 그 뒤에는 통증도 없고 붓는 일도 없었다. 이렇게 근무처를 하루도 쉬지 않고 다닌 데라다 양은 마히까리의 시술이 신기한데 마음이 끌려 영의 실재를 자신의 눈으로 확인할 생각으로 도장을 찾아왔던 것이다.
 두 사람이 자세히 말하는 것을 다 듣고 난 도사는, 그렇다면 한번 해보자고 하면서 데라다 양의 이마에 손을 대고 있었다.

　4,5분 가량이나 손을 대었다고 생각될 무렵, 데라다 양의 손이 떨리기 시작했고 머리를 천천히 떨어 뜨리는 것이었다.

　도사가 곧 영사(靈査)해 본 결과 빙의된 영은 여성으로, 데라다 양과는 아무 관련도 없다는 것이었다.

　"어째서 아무 관련도 없는 당신이 데라다 양에게 빙의된 것입니까? 지장이 없다면 들려 주십시오."

　그러자, 영은 눈물을 뚝뚝 흘리면서,

　"정말 면목이 없습니다. 저는 이 사람(데라다 양)의 뒷집에 살고 있는 도오다(遠田) 집안의 큰며느리이며, 닷새 전에 죽은 게이꼬입니다."

　"그 부인이 어째서 또 데라다 양에게 기생(寄生)한 것입니까?"

　"죄송합니다. 용서하여 주십시오."

　빙의된 영은 그렇게 말하더니 큰 소리로 울기 시작하는 것이었다. 게이꼬씨의 영이 말하기를,

　"제게는 이 세상에 남겨 둔 세 아이가 있습니다[나중에 안 일이지만, 국민학교 3학년 짜리 장남, 유치원에 다니는 장녀인 다섯살 짜리, 둘째 아들이 있었다]. 또한 반신불수로 누워 계신 시어머니가 계십니다. 이 사람들이 불쌍하여 잊을 수가 없고 이대로는 저도 갈 곳으로 갈 수 없어, 날마다 울고 있습니다."

　이 영사(靈査)하는 상황을 듣고 있던 주위의 사람들 중에서,

　"저 음성과 하는 행동이 며칠 전에 죽은 도오다씨의 부인이예요."

　하는 속삭임 소리가 들렸고, 모두들 형편을 살펴보면서 한

군데로 모여들었던 것이다.

 영이 말하는 바에 의하면, 자기가 죽어서 집 주변에 있으려니까 늘 이 사람이 직장에 오고 가는 길에 곁을 지나가므로 어쩐지 의지하고 싶어졌던 것이다. 그래서 자기 집에서 기르는 개에게 기생하여 이 사람을 물게 하고, 자기가 도오다 집의 죽은 아내였음을 알려주려고 하였다는 것이다.

 "그만한 이유만으로 개에게 물리게 하다니, 데라다 양의 처지가 돼서 생각해 보시오. 불쌍하지 않은가!"

 도사가 엄숙하게 타이르자, 게이꼬 여사의 영은 머리를 깊이 숙이고 잘못을 빌 따름이었다.

 "그렇다면 데라다 양에게서 당신이 이탈(離脫)할 때까지는 하느님의 빛을 잘 받도록 하시오. 설령 아무리 괴롭더라도 현세(現世)에 대한 집착심을 버리는 게, 남겨 둔 주인 양반이나 아기들에게 행복을 가져다 주는 일이요."

 도사가 타이르고 영을 애도하는 노래를 불러 주자, 게이꼬 여사의 영은 알아들었는지 다시금 눈물을 흘렸다. 영사(靈査)가 끝난 뒤, 도사가 데라다 양에게 물어보니 전혀 영이 말한 것과 사정이 꼭 같았었다.

 도오다 집이란 데라다 양 뒷집에 사는 지주(地主)인 큰 집으로 게이꼬 여사는 그곳의 젊은 안 주인이었다. 자궁암을 앓고 있었고 한때는 나은 것 같았으나, 마침내 닷새 전에 세상을 떠나고 말았다.

 그 뒤에는 아이 셋과 반신불수로 대소변의 시중까지 들어야 되는 시어머니가 있다는 것도 영이 말한 그대로였다. 주인은 협동조합에 근무하고 있었고 아이들과 어머니의 시중을 드는 일로 곤경을 겪고 있는듯 했다.

 그런 이야기가 주위에 있던 사람들 사이에 한창 오고 갔었다. 데라다 양은 개에게 물린 상처가 의사나 약을 의존하지 않고도 나은 사실에 놀랐으나, 죽은지 얼마 안 되는 뒷집 부인의 영이 자기에게 빙의되어 있다는 일은 전혀 뜻밖의 일이었다. 생전 처음으로 당하는 체험이어서 그 사실을 어떻게 받아들여야 좋을지 데라다 양은 몹시 망설인 것이었다.

질투로 불타는 영

이와 같은 작은 사건이 있은 지 이틀 뒤의 일이었다. 도장에서 시술을 받고 있던 데라다 양에게 다시금 영동(靈動)이 일어나, 도사가 영사(靈査)를 하게 되었다. 그런데 이번에는 무서운 힘으로 소리를 치기 시작했다.

"용서 못해. 분해라! 분해!"

하고 쇳소리로 고래고래 소리치는 것이었다.

"무엇이 그다지도 분하다는 거요? 말해 보시오. 우리가 할 수 있는 일이라면 어떻게든 해드리겠오."

도사가 말을 붙여 봐도 아직 숨을 할딱이고 '분하다, 분해!' 하고 소리 지르며 손도 가까이 닿지 못하게 무릎 걸음으로 도장 안을 도망쳐 다니는 것이었다. 간신이 달래서 물어보니,

"내가 죽은 지 1주일도 채 못됐는데 집에서 남편의 후처 이야기가 나오고 있다니!"

이 말에는 도사도 말문이 탁 막히고 말았다. 그 일이 사실이라면 게이꼬 여사가 아닐지라도 분하게 여기는 것은 당연한 일이었다. 너무나도 갑작스러운 일에 도사는,

"그랬었군요. 그렇다면 분한 노릇이겠지요. 동정이 갑니다. 실컷 우시오. 그동안 하느님의 빛을 받게 해드릴 테니까

요."

 게이꼬 여사가 한참 동안 흐느껴 울다가 다소 기분이 가라앉자,

 "어떻습니까? 용서해 줄 수 없습니까?"

 "못해, 못해!"

 "그렇다면 누구를 용서할 수 없으며, 누구 때문에 분하다는 겁니까?"

 "남편과 그 이야기를 꺼낸 숙부예요."

 "그렇군요, 잘 알았습니다…… 하지만 잘 생각해야 합니다."

 도사는 게이꼬 여사의 영을 향하여 조용히 타일렀다. 게이꼬 여사가 아직 젊은 몸으로 사랑하는 남편과 귀여운 어린 세 아기를 남긴 채, 암 같은 업병(業病)으로 죽어야만 했던 데에는 게이꼬 여사 자신의 전생으로부터의 죄과, 혹은 조상 대대로부터 물려받은 죄과가 있다는 것, 게이꼬 여사는 그것을 반성하고 유계(幽界)의 수업을 쌓는 일로서, 죄과를 소멸시켜야만 된다는 것 등을 타일러 보았다.

 도사는 게이꼬 여사의 영이 고개를 끄덕이며 듣고 있는 모습을 보고 다시 말을 계속했다.

 "또 한 가지 중요한 일은 당신의 남편이나 사랑하는 아기들, 또한 시어머니의 앞으로의 시중은 도대체 누가 해야 합니까? 당신이 갈 곳으로 갈 수 없다고 하여도 당신이 여러 식구들의 시중은 들 수 없는 게 아니겠소?(게이꼬 여사는 고개를 끄덕이며 듣고 있었다) 주인 역시 어린 아기들과 꼼짝 못하는 어머니를 모시고 앞으로 살아 갈 일이 큰 일이예요. 알겠소?[영(靈)은 열심이 고개를 끄덕였다] 그것을 숙부께서 생각하시고, 당신에게는 미안하지만, 용서해 주기 바라며,

그렇다고 지금 곧 한다는 게 아니고 그저 결혼 이야기를 꺼낸 게 아니겠소? 아직 이야기 뿐이고 결혼한 건 아니잖소? [고개를 끄덕인다] 한 7일 전에 그런 이야기가 있어서 분하기도 하겠지만, 입장을 바꿔서 생각해 보시지 않겠소? 아시겠소? 당신이 만약에 이 세상에 살아 있어서, 그런 후처 자리의 혼담이 있다고 하더라도 어린 아기가 셋이나 있고, 대소변 시중까지 들어야 하는 시어머니가 계신 곳에 기꺼이 시집을 갈수 있습니까? [영은 잠시 생각에 잠기고 있는 눈치였다] 싫죠? 시집가지 않겠죠? [몇 차례나 고개를 끄덕이고 있다] 당신도 싫은데 그런 집에라도 아기들이 불쌍하다, 시어머니가 가엾다고 생각하고 시집 올 여성이 있다면, 당신은 그 사람에 대해서, 얼마나 감사해야 하는가를 잘 생각해 보시오."

　게이꼬 여사의 영은 도사가 말하려는 바를 이해한듯 했다. 하지만 잠시 생각하는 듯하더니 고개를 들고,

　"지금 이야기하는 사람은 싫어요. 집 안에 들여 놓지 마세요."

　"그렇다면 지금 그 사람 아니고, 다른 여성이라면 괜찮겠소?"

　하는 질문에 게이꼬 여사는 몇 차례나 고개를 끄덕였다. 이윽고,

　"지금의 혼담은 못하게 훼방하겠어요."

　하고 분명히 말하는 것이었다. 도사는 영(靈)이 모든 것을 꿰뚫어 본다는 걸 알고 있으므로 어째서 싫고 훼방을 놓는 건지 굳이 까닭을 묻지 않았다.

　"당신이 싫어하는 사람이면 할 수 없군요. 좋은 분이 나서면 좋을 텐데. 하루라도 속히 기회를 만들어서 친척이나 주

제1장 인연령(因緣靈)의 암약

인께, 당신의 오늘까지 처해 있는 입장을 말씀드리겠어요. 강신도 관계가 없는 데라다양을 개에게 물리게 하거나 괴롭히는 것을 그만두지 않으면 하느님께 꾸중을 듣게 됩니다."
 이와 같은 도사의 말에,
 "예, 면목이 없습니다."
 하고 솔직이 대답하는 것이었다.
 "그렇다면 데라다 양에게서 이탈할 수 있습니까?"
 하고 묻자,
 "예 떠나겠습니다."
 하고 어이가 없을 정도로 승낙하는 대답을 하는 것이었다. 또한 도사가 영을 애도하는 노래를 하자 울면서 게이꼬 여사의 영은 이탈한 것이다. 그런데 도사에게 있어서는 그 다음이 문제였다.
 지금까지의 이야기를 어떻게 하여 상대방에게 전할 것인가? 댁의 돌아가신 부인께서 갈 곳으로 갈 수 없어서 방황하여 댁의 큰 개에게 기생하여 데라다 양을 물고 다음에는 이러저러하여…… 후처의 혼담 이야기가 문제되었다고 말한다면 그야말로 이 과학 만능시대에 무슨 잠고대 같은 소리를 하느냐고 정신병자 취급을 당할지도 모를 일이었다.
 더우기 게이꼬 여사가 말한 후처의 이야기도 과연 사실인지 아닌지 확인하지 않으면 안 되는 일이었다. 그렇게 하려면 어떻게 실마리를 찾아야 할 것인가, 도사도 난처한 입장에 놓이고 만 것이다.
 다음 주일로 접어 들자 도사는 데라다가(寺田家)의 제사를 지내달라는 부탁을 받았다. 무사히 끝내고 뒷길로 나오자 데라다 양은
 "저 선생님, 지난 번에 저를 문 개가 바로 저 개예요."

하고 큰 집 현관문 건너 편에 누워 있는 큰 개를 가리켰다. 그 개는 사람을 문 날부터 행방불명이 되어 있다가 열흘 쯤 지나자 배가 고파서 비틀거리며 집으로 돌아왔다는 것이다.

"헌데 데라다 양, 이 집의 그 숙부라는 분의 댁은 이 근처입니까?"

"예 바로 저기예요. 전에 우체국장을 지냈던 분이어서, 이 근방에서는 모르는 사람이 없는 형편이예요."

"어떻습니까? 한 번 그분과 만날 수 없을까요?"

두 사람이 이런 이야기를 주고 받고 있는데 그날 제사에 참례하러 왔던 데라다 양의 언니인 미쓰(美津·가명) 여사가,

"전의 국장님이라면, 제가 잘 알고 있습니다. 소개해 드릴 테니 함께 가실까요?"

하고 간절히 바라던 이야기를 하는 것이었다.

곧 동행하여 그 댁을 찾아가니,

"어서 오십시오."

하고 바로 숙부되는 분의 방으로 안내를 받았다. 그런데 그 숙부님은 자리에 누운 채로였고, 듣고 보니 안면신경통(顔面神經痛)으로 고통을 받고 있다가 지금은 많이 좋아진 편이라고 한다.

마침 좋은 기회라고 생각하고 도사는 마히까리(眞光)의 시술 효과를 설명한 뒤,

"한 번 받아 보시지 않겠습니까?"

그래서, 곧 손을 얹고 시술을 시작했다.

그랬더니 크게 진동을 일으키며 얼굴이 일그러졌으나, 영사(靈査)는 하지 않기로 하고 적당한 시점에서 진혼(鎭魂)을 시킨 다음 영을 달렸다.

"어떻습니까? 무엇을 느끼신 게 없습니까?"
하는 도사의 물음에,
"매우 놀랐습니다. 여러 사람의 얼굴이 떠 올라 왔고 그러는 동안에 몸이 옆으로 끌려가는 듯한 느낌이 들었소이다."
도사의 설명을 들으면서, 자꾸 목을 갸우뚱거리며 이상해 하는 숙부에게 도사는 바로 좋은 기회라고 생각하고 친척인 게이꼬 여사의 죽음에 애도의 뜻을 표한 다음,
"몹시 외람된 말씀을 여쭤봅니다만……"
하고 조심스럽게 도오다 가(家)의 후처에 대한 혼담(婚談)을 확인하기로 했다.
그런데 그 말을 듣자마자, 숙부의 얼굴빛이 갑자기 변한 데에는 도사가 오히려 깜짝 놀랐다.
"어떻게 그것을? 아무도 모를텐데요. 어데서 들으셨습니까?…… 도오다의 아들과 나밖에 모르는 일인데——."
도사는 거듭 무례함을 사과하며, 지금까지 있었던 사건의 내용을 말했다. 들으면서, 다시금 놀랍다는 듯이 숙부의 안면은 실룩거리고, 몸도 바들바들 떨기 시작했다. 도사는 게이꼬 여사의 영이 지금 진행중인 혼담에 찬성하지 않는다는 뜻을 나타냈다는 사실을 전하면서 선처해 줄 것을 당부하고 숙부 댁을 나온 것이었다.
그 뒤 한참만에 데라다 양이 도장에 와서 보고한 바에 의하면, 게이꼬 여사가 호소하던 최초의 후처의 혼담은 결국 안 되었고, 그 다음 곧 국립병원의 외과에 근무하던 간호부장으로 독신이며 나이도 전 부인과 비슷한 여성이 시집을 왔다고 한다.
또한 지금은 세 아이들도 그 여성을 어머니, 어머니 하고 따르며 부인은 반신불수의 시어머니를 친정어머니처럼 섬기

고 주인은 부인을 소중히 여기고 있으므로 온 집안이 화목하게 지내고 있다는 것이었다.

데라다 양은 영(靈)의 기생때문에 개에게 물리는 재난을 당했으나, 그것을 계기로 자기 자신도 구원의 길로 들어설 수 있었고, 아울러 도오다 집안에 행복을 가져다 준 결과가 된 것을 진심으로 기뻐하는 눈치였었다.

10. 대신 추락해 죽은 소위

위암일지도 모른다

 오오사까(大阪)에 사는 고미야 세쓰꼬(小宮節子·가명) 여사는 5월부터 위의 상태가 이상하여 병원에서는 위암일지도 모른다는 진단을 받아 치료를 받고 있었다. 사실은 배고픈 느낌이 있고 식욕도 있으므로 식사를 하려고 하면 가슴이 메어 전혀 먹을 수 없는 것이었다. 음식이 목으로 넘어가지 않고 억지로 먹으면, 곧 위가 아프기 시작해 토하고 만다. 유동식(流動食)을 아주 조금씩 마실 정도의 식사량이고, 약효가 전혀 없어, 4개월이 지날 무렵에는 뼈와 가죽만 앙상하게 남아있는 상태였다.
 때마침 9월 30일에 동생의 결혼식을 도쿄(東京)에서 거행하게 되어, 세쓰꼬 여사는 비행기로 상경했다. 가죽만 앙상한 딸의 모습을 보고 놀란 어머니 야마다(山田) 여사는 수장요법(手掌療法)을 터득하고 있었으므로 곧 딸에게 수장요법을 시술해 보았다. 그런 다음 이것저것 싸이고 싸인 이야기를 모녀가 주고 받는 동안 문득 야마다 여사가 정신을 차리고 보니 세쓰꼬 여사는 어느 결에 식탁에 놓여 있던 큰 찐빵을 손에 들고 먹고 있는 것이었다. 야마다 여사가 모르는 척

하였으나 찐빵을 다 먹은 세쓰꼬 여사는, 허전해진 자기의 손을 보고 겨우, 그 사실을 알아 차리고 다시 위가 아파오지 나 않는 걸까 하고 갑자기 근심하기 시작했다.

"아무 일 없다. 수장요법 시술로 먹게 된 것이니까, 걱정할 것 없어."

어머니에게 설득을 당하고 그날은 아무 일도 없이 무사히 잠을 이룰 수 있었다.

다음날 아침, 가벼운 유동식을 먹은 다음 다시 한번 수장 요법 시술을 받은 세쓰꼬 여사는 가족들과 함께 식장으로 향하였다.

또 한번 놀란 일은 잔치 음식을 8할 가량이나 먹어치웠으나 아무 이상도 생기지 않은 것이었다.

다음날 비행기로 오오사까에 돌아온 세쓰꼬 여사는 그 뒤로는 아무 음식이나 먹어도 전혀 이상이 없었다고 어머니에게 전화로 보고해 온 것이다.

그런 뒤, 한참만에 야마다 여사는 한가해졌으므로 딸의 건강상태를 보러 1주일 가량 오오사까에 갔었다. 야마다 여사에게는 딸의 상태로 미루어 보아 아무래도 영이 기생한 것이 아닐까 하고 생각되었으므로 교토(京都)의 도장으로 세쓰꼬 여사를 데리고 갔다.

남성인 듯한 영(靈)

수장요법을 받은 세쓰꼬 여사는 감고 있는 눈에서 눈물을 흘리며 머리를 가누지 못하고 있더니 갑자기 픽 쓰러질듯이 몸을 옆으로 기울이는 것이었다. 영을 위로한 뒤, 도사가 물어보니,

"머리를 가눌 수 없게 되고 쿵 하는 소리가 들리는 것 같더니, 자기의 몸이 거꾸로 뒤집힌 듯한 느낌이 들었습니다."

이렇게 대답하는 것이었다.

"누군가 친척 가운데, 비행기 사고로 작고한 분이 있습니까?"

이 도사의 묻는 말에 생각나는 사람이 없다는 것이었다.

교토에서 집으로 돌아오는 동안, 세쓰꼬 여사는 어쩐지 이상하게 머리가 아프다고 하소연하는 것이었다. 집에 돌아온 뒤, 어머니가 수장요법 시술을 하였다. 영을 애도하는 노래를 영을 향해 들려 주자 몇 번씩이나 머리를 숙이고 난 뒤, 영은 이탈했다.

끝내 누구의 영이라는 것을 밝히지 않은 채 사라졌던 것이다. 하지만 그날 밤 세쓰꼬 여사의 남편이 귀가 한 뒤, 그날 있었던 일을 자세히 들려 주자 남편은, '그것이 야마구찌(山口) 소위(小尉)의 영이 아닐까?' 하고 다음과 같은 이야기를 했던 것이다.

그것은 1945년, 전쟁이 끝날 무렵의 어느 날 일이었다. 고미야(小宮) 중위가 시험비행을 하기 위하여 탑승(搭乘)하려고 하자, 부하인 야마구찌 소위가 달려와서 '고미야 중위님 오늘은 저를 탑승시켜 주십시오.' 하고 부탁하는 것이었다. 고미야 중위는 '그것도 괜찮겠지.' 하고 허락한 것이었다.

그런데 비행기는 날아오르자마자 엔진에 고장을 일으킨 듯 급강하 하여 바닷속으로 떨어지고 말았다. 망원경으로 탑승자 세 명 가운데 두 명이 탈출하여 바다에 떠 있는 것을 확인했으나 남은 한 명은 떠오르지 않았다. 곧 수색했으나 다음 날이 되자, 비행기 안에서 순직한 야마구찌 소위의 모습이 발견되었다.

"그때 야마구찌 소위가 나를 대신해 죽었던 거야."

아마도 그 야마구찌 소위가 고미야 중위의 아내인 세쓰꼬 여사에게 기생하여 무엇인가를 알리고 싶었던 것이었으리라. 혹은 구원을 청해 온 건지도 모를 일이었다.

하지만 야마구찌 소위는 하느님의 빛에 의해 깨달았는지 혹은 영을 애도하는 노래를 듣고 유계(幽界)의 수업(修業)이 중요하다는 걸 깨달은 탓인지 모르나, 깨끗이 유계로 돌아간 것이다.

세쓰꼬 여사의 증상이 완전히 사라지고 예전과 같이 건강한 모습으로 돌아간 것은 말할 나위도 없다.

제 2장
무서운 집념

1. 참수(斬首)를 못한 중국 병사

계속되는 토혈(吐血)

1968년 7월 오오까 다께시(大岡武志)씨의 장녀인 에이꼬(英子·23)양이 갑자기 검은 핏덩어리를 컵으로 반 이상이나 토했다.

에이꼬 양은 평상시에 음식을 조금씩 먹는 탓으로, 위에 각별한 증상도 없었고, 또한 폐결핵에 대한 걱정도 우선 없을 것 같았다. 전혀 짐작을 할 수 없는 토혈을 했던 것이다.

오오까씨는 근처의 병원으로 딸을 데리고 갔다. 의사가 진찰한 결과, 이형폐렴증후군(異型肺炎症候群)이라는 병명(病名)이었다.

어떤 병인지, 의사의 설명을 들어도 전혀 알 수 없었다. 까닭을 알 수 없는 엉터리 진단이라고 생각했다. 이런 때야말로 수장(手掌)요법에 의지해야겠다고 도장에 연락했다.

도장에서는 도사가 출장을 나와서 시술을 하게 되었다. 에이꼬 양의 토혈은 지금까지 몸 안에 괴여 있던 탁한 피가 나온 것이니까, 청정화(淸淨化) 현상이어서 오히려 좋은 일이라고 도사가 가르쳐 주었다.

토혈할 때까지 에이꼬 양의 평상시의 신체 상황은 그녀가 어려서부터 귀가 들리지 않았던 것이다.

에이꼬 양은 생후 1년 반쯤 후, 급성폐렴에 걸려 대량으로 항생물질의 주사를 맞았다.

아기였으므로 부모는 주사때문에 그녀의 귀가 들리지 않게 된 것을 알지 못했다. 이윽고 네살 때, 너무도 말을 배우는 것이 더디다고 생각되어 조사를 받아 본 결과 비로소 귀에 결함이 있다는 걸 알게 되었다.

이름난 종합병원은 모조리 찾아다녔었다. 하지만 어느 병원에 가보나 가망이 없다는 것이었다. 그래서 부모는 그녀의 귀를 고치는 일을 단념하고 말았다.

그녀는 구립(區立) 시나가와 농아학교(聾啞學校)의 유치부에 들어가서 국민학교 중학교를 졸업했다. 다시 도립 오오다 농아고교에 입학했고, 이곳을 졸업한 다음에 전공과로 진학하여 현재 재학중이었다.

그녀의 청력(聽力)은 학교에서 검사한 바로는 70데시벨 이상이었다. 데시벨(db)이란 청력의 정도를 나타내는 표준 척도인 것이다.

보통 사람은 20데시벨 이하이고, 40데시벨 전후는 난청(難聽)로 구분된다.

에이꼬 양은 또한 평상시에 말을 하지 않는 탓으로 발성(發聲)도 부자유스러웠던 것이다.

농아인 여성이 대답하다

토혈(吐血)한 뒤, 잠시 누워 있던 에이꼬 양은 수장요법 시술을 받는 동안에 차츰 기운을 되찾고 마침내 어머니인 사도여사에게 이끌려 도장에 다니게 되었다.

  그녀의 토혈은 그 후에도 계속되었다. 처음에는 1주일 간격이었던 것이 한 달, 두 달 지나는 동안에 열흘에 한번 보름에 한 번으로 차츰 간격이 뜨게 되었던 것이다. 하지만 아버지인 다께시씨는, 딸이 차츰 건강해지는 것을 눈으로 보면서도 마히까리의 수장요법 시술을 실제로 그다지 본바가 없으므로 처음의 의도와는 달리, 부인에게 병원에 데리고 가라고 성가시게 지시하는 것이었다.

  그런데 부인 사도 여사는 8월에 딸과 함께 연수도 받고 그런 뒤의 딸의 상태와 자기 자신이 겪어온 가지가지의 체험을 통해 흔들리지 않는 확신을 이미 갖고 있었다. 따라서 주인이 아무리 권해도 병원에 가는 일만은 절대로 응하지 않았던 것이다.

  11월에 있던 연수를 부모와 딸이 셋이서 함께 받은 다음날, 그때까지는 시술을 받아도 거의 아무런 변화도 보여주지 않던 에이꼬 양의 합장한 손이 영동(靈動)을 일으킨 것이다. 손을 얹고 있던 도사가 영사(靈査)를 했다. 하지만 상대는 귀가 들리지 않는 아가씨인 것이다. 과연 대답을 할 수 있을지 자신이 없었다.

  그런데 빙의된 영을 향해 물어보니, 그 물음에 응한 회답이 고개를 가로 세로로 젓는 대답으로 되돌아오는 것이었다. 더구나 대답한 내용은 에이꼬 양이 전혀 알 까닭이 없는 것이었다.

  까닭이란 다음과 같은 것이었다. 지난 날 오오까씨 댁의 제사를 지도하느라고 도사가 찾아갔을 때, 오오까씨로부터 다음과 같은 이야기를 들은 일이 있었다. 오오까씨는 전쟁중에 몇 차례인가 출정(出征)하여 싸움터에 선 일이 있었다.

제2장 무서운 집념

　어느 날의 전투에서 중국인 병사 몇 사람이 포로로 잡혔다. 그 포로들이 참수형(斬首刑)을 받게 되고 오오까씨는 상관에게서 그 일을 하도록 명령을 받았던 것이다. 하는 수 없이 몇 사람인가 베었으나 그 중의 한 사람을 잘못 벤 것이다.
　한 번 실수하고 두번째로 실수를 하자, 그 포로가 정말 무서운 몰골로 오오까씨를 뒤돌아 보고 노려보았다는 것이다. 드디어 세번째는 상관 스스로가 칼을 잡고 겨우 목적을 이룬 것이었다.
　그때의 중국 군인의 원망스러운 듯한 증오에 가득찬 눈초리가 지금도 이따금 떠오르는 일이 있다는 것이었다.
　이 이야기를 집안에서 이야기한 일은 없었으며 또 설사 이야기를 하였더라도 귀가 들리지 않는 에이꼬 양이 알 까닭이 없었다.
　도사는 에이꼬 양의 빙의령을 영사(靈査)함에 있어서, 오오까씨가 말한 중국 군인을 생각했었다.
　만일의 경우라는 것이 있는 법이다. 빙의령이 인간의 영이라는 것을 확인 한 다음, 도사는 다시금 물어보았다. 다음은 그때의 상황이었다.
　"당신은 일본 사람입니까?"
　——고개를 가로 저으며 다르다는 의사를 표시했다.
　"그렇다면 중국 사람입니까?"
　——고개를 끄덕이며, 그렇다는 시늉을 했다.
　"에이꼬 양의 아버지에게 살해당한 사람의 영입니까?"
　——역시 고개를 끄덕이고 있다.
　역시 도사의 예감은 맞았던 것이다. 빙의령은 오오까씨에게 살해당한 중국 사람의 영이었음을 긍정하고 있었다.
　"당신은 처음부터 에이꼬 양에게 기생한 것입니까?"

―― 고개를 가로 젓고 부정했다.
"그렇다면, 처음에는 아버지에게 기생하였군요?"
―― 고개를 끄덕인다.
아버지에게 기생하여 일본까지 와서 에이꼬 양이 태어나자 옮아간 것이군요?"
―― 응, 응 하고 끄덕이고 있다.
중국 군인의 영은 육체가 죽은 뒤, 오오까씨에게 빙의되어 오오까씨와 함께 멀리 바다를 건너서 일본까지 따라온 것이었다. 또한 에이꼬 양이 태어나자 에이꼬 양에게 기생하여 귀가 들리지 않게 만든 것이다.
부모에게 있어서 내 자식이 고통을 받는 것을 보는 일처럼 괴로운 일은 없는 것이다. 아이의 괴로움을 보느니 차라리 자기가 대신 그 고통을 당하고 싶다는 것이 어버이의 정(情)인 것이다.
빙의령은 그와 같은 어버이의 정을 미끼로 삼아 흔히 어린이를 업병(業病)으로 괴롭히거나, 부모에게 반항하게 하거나, 범죄를 일으키게 하여 어버이에게 대한 원수를 갚고 있는 것이다.
이 중국 군인의 영도 오오까씨에게 두 번이나 칼을 잘못 맞고 괴로워 하면서 죽은 원한을 오오까씨의 딸에게 고통을 주는 일로 갚으려고 했던 것이다.
도사는 중국 군인의 심정이 무리가 아니라는 것도 이해할 수 있었다. 하지만 어떤 이유이건 영혼이 사람의 몸에 기생하는 일 자체가 유계(幽界)의 법칙을 범하는 일이 되는 것이다. 그 법칙을 어기면 영 자신이 더 고통스러운 유계의 수업을 쌓아야만 되는 것이다.
도사는 그 일을 중국 군인의 영에게 간곡히 타이르고 한

시라도 빨리 노여움을 풀고 깨닫는 일이 영 자신이 구원을 받는 길이라고 설명했다.

또한 중국 군인의 영을 위로하는 수단으로,

"당신을 위로하고 싶으나, 당신의 위패를 오오까 집안에다 모실 수 없으니까, 에이꼬 양의 부모님이 당신에 대하여 깊이 사과하게 하면 될 게 아니겠오?"

하고 물어보자, 영은 고개를 몇 차례나 끄덕이는 것이었다. 그래서 도사는,

"그렇다면 에이꼬 양의 부모님께 신전(神前)에서 하나님을 통하여 사죄드리면 되겠지요?"

하고 다시금 묻자, 영은 알아들었다는 듯이 고개를 끄덕였던 것이다. 도사는 영사가 끝나자 그 뜻을 함께 도장에 온 어머니 사도 여사에게 전했던 것이다. 하지만 사도 여사는,

"그 일은 주인의 묵은 상처를 건드리는 일이 되므로 승낙하지 않을지도 모르겠습니다만……"

하고 망설이는 눈치였었다.

유산된 아기의 하소연

사도 여사가 염려한 대로, 남편은 도사의 권고를 받아들이지 않았던 것이다. 그랬을 뿐만 아니라 도사의 영사 그 자체에 다소의 의혹조차 품고 있었다. 어쩌면, 자기가 지난 일을 도사에게 말한 것이 암시가 된 것이나 아니었을까?

이 생각 저 생각 때문에 결단을 내리지 못하고 있었으나 마침내 딸의 장래의 행복을 생각해서 자기의 고집을 꺾고 말았다.

12월이 다가왔을 무렵, 오오까씨는 부인과 함께 뎅엥죠오

후(田園調布) 교단의 본부를 찾아왔다. 신전에 둘이 나란이 서서 깊이 머리를 숙이고 마음 속으로 깊이 과거의 죄를 빌었던 것이다.

그러자 갑자기 뜻밖의 일이 일어났다. 머리를 숙이고 있던 사도 여사가 머리를 들었을 때, 눈 앞이 빙빙 돌며 본부 큰 도장의 마루바닥이 큰 물결처럼 흔들리더니 마침내는 앉아 있을 수도 없게 되고 다다미 위에 쓰러지고 말았다.

지금까지 사도 여사는 도장에서 몇 차례나 시술을 받았지만 빙의령이 잠잠한 채 꼼짝도 하지 않았던 것이다. 그것이 신전(神前)에서 진심으로 사죄를 드린 순간, 단번에 빙의령이 떠오른 것이었다.

이날로부터 바로 한달 쯤 지난 1월 말경에, 지금까지 아무 변화도 나타나지 않았던 에이꼬 양의 귀가 들리기 시작했다.

토혈하는 증상은 이미 1월로 접어들자 진정되었고, 귀는 겨우 이 무렵부터 소리를 느끼게 되었던 것이다. 또한 2월도 중순을 지날 무렵에는 아·이·우·에·오의 소리를 듣고 구별할 수 있었던 것이다.

20년 동안이나 소리를 들을 수 없던 어둠 속에서, 이제 겨우 에이꼬 양은 도망쳐 나올 수 있는 서광(曙光)을 찾아 낸 것이다. 중국 군인의 영은 부모가 신전에서 사죄를 드린 날부터 이탈한듯, 영동(靈動)은 전혀 나타나지 않았던 것이다.

그런데 3월달로 접어든 어느 날, 시술을 받고 있는 에이꼬 양이 다시금 갑자기 영동을 일으킨 것이다. 그것은 지금까지의 중국 병사의 영동과는 다른 움직임이었던 것이다.

그 움직임을 가만히 관찰하고 있던 도사는 그것이 어쩌면 아기의 영일 것이라는 것을 알게 되었다. 도사는 전례에 따라 한 가지 한 가지 확인한듯이 영사를 진행시켰던 것이다.

제2장 무서운 집념 141

그 결과 판명된 뜻밖의 사실은 빙의령은 1951년 2월 22일에 8개월로 유산된 아기의 영(靈)이라는 것이었다.

위패(位牌)도 없고 제사도 지내 주지 못했다는 것이다. 도사는 영의 회답이 옳은건가 아닌가를 어머니인 사도 여사에게 확인해 보았다. 그와 같은 사실이 있었다는 것이 사도 여사에 의해 확인되었다.

사도 여사는 집으로 돌아온 뒤, 남편에게 그날에 있었던 일을 모두 말했다. 오오까씨도 놀라지 않을 수 없었다. 유산된 아기의 일은 부부 외에는 알지 못했으며 아무에게도 말한 일이 없었다.

이 이야기는 도사에게도 말한 일이 없었던 것이다. 이야기를 하였다면, 5개월이 지난 아기이므로 도사로서는 당연히 그 위패를 만들라고 권했었다. 귀도 들리지 않고 말도 할수 없는 에이꼬 양은 말할 것도 없고 도사도 모르던 숨겨진 사실이 다시 드러나게 된 것이다.

중국 군인인 영의 경우는 반신반의였던 오오까씨도 이번의 경우에는 믿지 않을 수 없었다.

오오까씨는 곧 순순히 알려주는 대로 신주꾸(新宿)에 있는 덴류우사(天龍寺)라는 선조의 위패를 모신 절에 가서 이 아기를 위해 위패를 작만하고 아침마다 우유와 빵을 올리고 공양을 계속하기로 했던 것이다.

본부에서 부령(浮靈)된 것을 계기로 하여, 어머니 사도 여사의 빙의령은 도장에서 시술을 받을 때마다 심한 영동을 일으키게 된 것이다.

어느 날 너무나 심하게 난동을 부렸으므로 청년 셋이서 잡았으나 세 사람 모두 나동그라지고 말았다는 것이다. 영이 기운을 내면, 평상시의 그 사람에게서는 도저히 생각할 수 없을 만큼 무서운 힘을 발휘하는 것이다.
 도사가 영사한 바에 의하면, 사도 여사의 빙의령은 흰 여우의 영이라는걸 알 수 있었다.
 흰 여우의 영은 사도 여사의 입을 빌어서 말하는 것이었다. 오오까 가(家)의 5대 전(前) 조상에게 모자(母子)가 함께 살해당했다는 것이다.
 ——내가 보는 앞에서 아이를 죽였다. 아이를 죽이다니 정말 너무하지 않은가. 아이를 죽일 정도라면 나만 죽이면 될 것을, 에이꼬 양은 고통스러워도 살아 있으니까 그래도 괜찮지. 내 아이는 죽어 버렸다. 오오까 집안의 식구가 밉다. ——
 흰 여우의 영은 바로 사생을 결단하려는 듯한 기세로 화풀이를 하는 것이었다. 또한 자기의 아이는 아직도 에이꼬 양에게 기생하고 있으나, 오오까 가의 식구들이 용서받기를 원하거든 가족이 모두 사죄를 하기 바란다. 사죄하는 방법에 대해서는 지금은 아직 말할 수 없다. 앞으로 말하겠다고 하는 것이었다.
 사도 여사는 가냘픈 자기의 몸이 난동을 부리기 시작하여, 장정 셋을 모조리 나동그라지게 만들고 자기의 입이 제멋대로 지껄여대는 게 마음 속으로 창피해서 견딜 수 없었다는 것이었다.
 남의 영동(靈動) 현상은, 몇 차례나 보아 왔지만 오랫동안 꼼짝도 하지 않았던 자기의 이런 요란스러운 진동은 생각지도 못했던 일이었다. 오오까 집안의 흑막에 대하여 다시 한번 생각하게 했다.
 에이꼬 양의 귀는 세월이 흐름에 따라 또한 조금씩 청력(聽力)을 되찾게 되었다. 4월에 학교에서 검사를 한 결과, 56~58데시벨이라는 수치(數值)가 나왔다.

제2장 무서운 집념 143

　40데시벨 정도면 난청(難聽) 정도이므로 조금만 더 좋아 진다면 남의 말을 이해할 수 있는 가능성도 보이게 된 것이다.
　요즘은 에이꼬 양의 성격도 차츰 명랑해졌고, 남과의 접촉도 개방적이 되어 왔다.

2. 아프리카에서 돌아 온 영혼

안내인의 두 부인

"아프리카에서 기생된 것이군요. 틀림없겠죠?"

다시 한번 다짐을 하듯 도사는 물어보았다. 부령상태(浮靈狀態)로 영사(靈査)를 받고 있는 쓰루가자리 히로시(葛飾弘・가명) 씨의 합장한 손이 바들바들 떨리고 있었다.

눈을 감고 있는 얼굴도 몇 차례나 끄덕였다. 쓰루가자리씨의 이마를 향하여 손을 뻗쳐 시술을 하면서 도사는 고개를 갸우뚱 했다. 쓰루가자리씨에게 빙의되어 있는 영은, 도사의 질문에 대해 자기가 '여성의 영이며, 더우기 아프리카에 있었다'고 말했다.

장소는 마에바시(前橋)의 도장이었다. 쓰루가자리씨도 마에바시에 사는 사람이었다. 그 사람에게 아프리카의 여성이 빙의되어 있다고 한다면 무언가 석연치 않은 것이다.

쓰루가자리씨에게 빙의되어 있는 영은 아직 말을 하거나 글씨를 쓴 것이 아니다.

도사가 질문하는 것에 고개를 가로 세로 젓고 '예', '아니오'의 의사 표시를 하고 있을 뿐이었다. 그런 탓에 영사(靈査)를 하는 데도 시간이 걸렸다.

제2장 무서운 집념   145

　영(靈)의 근본을 알기 위해 빙의된 장소를 물어보는 가운데 마침내 일본에서 떨어져 나온 것이고, 외국의 나라 이름을 몇 개인가 늘어놓은 결과, 드디어 아프리카로 낙착이 된 셈이었다.
　하지만 영 가운데는 아무렇게나 엉터리로 대답하는 것도 있다. 이것은 주로 여우나 너구리와 같은 동물령(動物靈)에게 많으나, 때로는 원한을 품은 인간의 영이 본성을 숨기려고 거짓말을 하는 경우도 있다.
　도사는 쓰루가자리씨의 부령된 영을 다시 진정시킨 다음 다시 물어보았다.
　"당신은 아프리카에 간 일이 있습니까? 당신에게 빙의되어 있는 것은 아프리카의 본고장의 여성이라는 것인데, 무슨 생각나는 일이라도 없습니까?"
　쓰루가자리씨의 대답에 의하면, 아프리카에는 상용(商用)으로 몇 차례 간 일이 있었다는 것이다. 하지만 본고장의 여성으로 마음에 짚이는 사람은 갑자기 생각나지 않는 모양이었다. 빙의될 정도로 염문을 일으킨 상대도 없었다. 한참 생각하고 있던 쓰루가자리씨는,
　"그때의 여성이었을까? 하지만 머리 속에 슬쩍 스쳐 갔을 뿐으로 이야기도 나눈 일이 없는 상대였는데……."
　하고 이상하다는 듯 이야기를 한 것은 다음과 같은 일이었다.
　쓰루가자리씨가 가 있었던 곳은 아프리카 우간다의 수도인 엔치메니아였었다. 이곳은 세계의 새로운 문명을 흡수하려고 하는, 활기에 넘쳐 있는 신흥도시로서 당시 일본에서는 트랜지스터라디오·카메라·텔레비전·자동차 따위가 많이 수출되고 있었다.

쓰루가자리씨는 L자동차회사 수출부의 유능한 세일즈맨으로서 여러 번 이곳에 파견되어 왔다. 다음의 이야기는 4년 전에 우간다에 있었을 때의 일이었다.

현지에서 활약하고 있는 외국인에게는, 모두 안내인의 협력이 필요했던 것이다. 쓰루가자리씨에게는 몇 차례 체재하는 가운데 단골이 된 안내인이 있었다.

5월의 어느 날, 일본에서 텔레비전 방송국의 로케 대원들 일행이 우간다에 왔었다. 때마침 쓰루가자리씨와 그 안내인이 동행하게 되었다.

이 로케 대원 일행은 엔치메니아에서 지이프를 몰고 깊숙히 들어갔다. 이윽고 어느 초가집 앞에 이르자, 그곳에서 차를 세우고 촬영을 하게 되었다.

그러자 로케 대원 옆에서 카메라의 셔터를 누르고 있던 쓰루가자리씨에게 안내인은 길 양쪽에 마주보고 있는 오두막을 가리키며,

"이 집은 양쪽이 모두 저의 집입니다."

하고 이상한 말을 하는 것이었다. 묘하게 여기고 있으려니까,

"두 아내와 애들이 사는 집입니다."

하고 말하는 것이었다.

듣고 보니, 각각 오두막 앞에 그렇게 보이는 여성과 애들이 있었다.

아프리카인의 풍속을 재미있다고 생각하면서 쓰루가자리씨는 촬영을 끝낸 일행과 더욱 깊숙히 들어갔다. 촬영 여행을 끝낸 일행은 다시금 같은 길을 되돌아 오고, 안내인의 집이 있는 이 장소를 지나갔다.

그때 쓰루가자리씨는 안내인의 부인의 한 사람이라는 여

성이 어쩐지 몹시 슬픈 듯한 표정을 지으며 서서 이 쪽을 보고 손을 흔들고 있는 것을 보았다.

그로부터 1주일이 지난 어느 날, 그 안내인이 쓰루가자리씨의 방으로 달려 들어왔다. 사정을 듣고 보니, 부인 중의 한 사람이 로케 대원들 일행이 지나간 몇 시간 뒤에 갑자기 죽은 탓으로 현재는 아이들에게 우유를 줄 수 없어서 곤란하다는 말을 하는 것이었다.

이야기하는 사정으로 보아, 어쩌면 돌아오는 길에 손을 흔들고 있던 여성이 죽은듯 했다.

그때의 외로워 보이는 인상을 생각해 내고 쓰루가자리씨는 우유라도 사서 먹이라고 하며 얼마간의 부의금을 안내인에게 주었다.

전생(前生)에는 일본 사람

"아프리카의 여성으로 인연이 있다고 하면 이 사람 정도이지만…… 그러나 제게 기생할 만한 이유도 없을 것이고……"

하고 쓰루가자리씨는 당시의 상황을 다 이야기한 다음에도 납득이 가지 않는다는 표정이었다.

그렇다면 내일 있을 영사에서 다시 한번 확인하여 보자고 하면서 이날의 제령 시술은 일단 끝났다.

다음 날의 영사는 다음과 같은 상태로 시작되었다.

── 당신은 아프리카에서 쓰루가자리씨가 신세를 진 안내인의 죽은 부인이시오? (그렇다는 듯이 영은 자꾸 고개를 끄덕인다.)

── 하지만 그렇다면 일본말을 모를 게 아닙니까? (그렇지 않다는 듯이 머리를 가로 젓고 있다.)

——일본말을 안다니 어찌된 까닭입니까?……당신은 전생에 일본인이었던 일이 있습니까? (그렇다고 영은 고개를 끄덕였다.)

놀랍게도 그녀는 예전에 일본인이었던 일이 있다는 것이다. 더우기 영사를 계속한 결과 알아낸 일은 그녀는 250년 전에 마에바시에 살며 농사일을 한 적이 있다는 것이다.

그녀는 일본에 가고 싶었던 것이다. 쓰루가자리씨가 일본인이었다는 것을 남편에게서 들어서 알고 있었으므로 쓰루가자리씨가 부의금을 보내온 것을 알고 이 사람에게 의지하면 일본에 갈 수 있다고 생각하고 그 오른쪽 눈에 빙의됐다는 것이다.

도사가 영사한 바에 의하여 쓰루가자리씨는 앞뒤 사정을 알게 되었다. 사정을 알고 보니 하나 하나 생각나는 바가 많았다. 그가 도장에 오게 된 직접적인 원인은 오른쪽 눈이 거북해서였다.

오른쪽 눈이 항상 쑤시고 아파서 부옇게 잘 안 보이는 것이다. 하지만 원인은 전혀 알 수 없었다. 여기저기의 의사에게 진찰을 받고 갖가지 요법(療法)을 시도해 보았으나 아무 효과도 없고 더욱 더 심해질 따름이었고 별 도리가 없어서 남의 권유를 받아 도장을 찾아온 것이다.

쓰루가자리씨가 오른쪽 눈이 이상하다고 느끼게 된 것은 아직 우간다에 있을 무렵, 그 안내인이 부인의 죽음을 알리러 온지 얼마 되지 않아서였다.

이따금 눈이 부옇게 보일 정도였으므로, 피곤한 탓이려니 하고 처음에는 대수롭게 여기지 않았던 것이다.

하지만 그 상태가 조금씩 진행되어서 귀국할 무렵에는 눈 때문에 많은 지장을 받을 정도에까지 이르렀다.

또한 그 일과 지금 생각해도 이상한 것은, 지금까지 몇 차례인가 아프리카에 머무르는 동안, 새삼스럽게 향수(鄕愁)를 느낄 턱도 없으련만 왜 그런지 서둘러 귀국했던 것이다.

그때의 묘한 심리도 빙의령이 시킨 짓이라고 듣고 보니, 그럴듯하게 수긍이 가는 것이었다. 그럼에도 불구하고 이상하게 생각되는 점은 쓰루가자리씨가 귀국한 뒤의 자기의 처세술이었던 것이다. 그가 도쿄의 본사로 돌아온 것은 작년 여름이었으나, 얼마 안 있어서 다시 아프리카로 가 달라는 발령이 인사과에서 내려 왔다.

새삼스러운 일도 아니었으므로 평소 때 같으면 곧 출발하는 것인데, 이때는 왜 그런지 마음이 내키지 않아서 회사의 신청을 즉각 거절했다.

그런데 회사에서는 대신 갈 사람도 없으니 이번만은 꼭 가 달라고 거듭 요청을 해 왔다. 그러자 더욱 더 가고 싶지 않아서, 설령 회사를 사퇴하는 일이 있더라도 이번만은 가고 싶지 않다고 거절한 것이다.

생각해 보니, 그렇게까지 고집을 부릴 구체적인 근거는 아무 것도 없었다. 오직 아프리카에 가고 싶지 않다는 기분이 났을 따름이었다. 이윽고 그 해도 다 갈 무렵 마에바시에서 회사를 경영하고 있는 형에게 의논하자, 그렇다면 내 회사일에 협조해다오 라고 해서 곧 그렇게 하기로 하고 L자동차 회사를 퇴직하고 말았다.

대학을 졸업한 뒤 10년 이상이나 근무하던 회사를 거의 아무런 마음의 부담도 없이 그만두었던 것이다. 정말 눈 깜짝할 사이에 일이 진행되었다는 느낌이어서, 스스로 생각해도 어쩐지 묘한 기분이었다.

이와 같은 이야기를 쓰루가자리씨에게서 들은 도사는 다

음의 제령시 부령된 빙의령에게 물어보았더니, 역시 쓰루가자리씨가 아프리카로 가는 것을 적극적으로 훼방놓은 것은 그녀였다는 것을 인정했던 것이다. 더구나 그녀가 전생에 살던 마에바시로 돌아가기 위해 도쿄에서 마에바시로 오게 했다는 것이었다.

도사는 모든 것을 확인하자, 그녀의 영에게 인간에게 빙의된 것은 잘못이라고 타일렀다. 도사의 말에 깊이 머리를 숙이고 있던 영은, 영을 애도하는 기도를 도사가 드리자 눈물을 뚝뚝 흘리고 스스로의 죄를 사과하는 것처럼 몇 번이나 깊이 머리 숙인 뒤, 쓰루가자리씨의 손끝을 통해 이탈해 갔던 것이다.

이윽고 눈을 뜬 쓰루가자리씨는,
"아, 눈이 보이게 되었습니다! 아아, 정말 보입니다."
하고 춤이라도 출듯이 기쁨에 가득찬 소리를 질렀다.

3. 무너진 사업에 대한 꿈

남에게 넘겨 주기 직전의 화재

한밤중이었다. 요란한 소방차의 사이렌 소리가 큰 길을 누비고 있었다. 갑자기 가슴의 고동 소리가 요란해지면서 불길한 예감에 싸인 소리가 바로 가까이 다가왔을 때, 이로노 가쓰히데(色野克英)씨는 깊은 잠에서 깨어났다.

시계를 보니 새벽 1시 조금 전이었다. 다시금 2대째의 소방차가 지나갔다. '가까운 곳이구나!' 그렇게 생각이 들기도 전에 자리에서 일어나 현관으로 나갔다.

밤의 화재는 매우 가깝게 볼 수 있는 것이다. 시뻘건 불길이 바로 눈 앞의 하늘로 성난듯이 춤을 추면서 확대되어 솟아오르고 있다.

문득 불안한 생각이 마음 속에 떠오르는 것을 느끼며, 발길이 자연 그쪽으로 향하는 것이었다. 세번째의 네거리를 돌았을 때 상상했던 일이 그대로 현실이 되어 눈 앞에 나타난 것을 알 수 있었다.

이미 온 몸이 공중에 떠 있는듯 했다. 많은 구경꾼들이 우왕좌왕하는 사이를 어떻게 헤치고 화재 현장으로 갔는지 전혀 기억이 없었다.

14년 전인 1956년 6월 17일 밤의 화재는, 이 이야기의 주인공인 이로노 가쓰히데씨의 일생을 파멸시킨 수 많은 사건들의 시발점이 되었던 것이다.

그때 이로노씨는 26세였고, 4개의 회사의 젊은 사장으로서 젊음과 모든 힘을 기울여 입신출세하는 데에만 전력을 다하고 있었다. 돈을 벌고 그 돈의 힘으로 남자의 일생은 영달(榮達)을 얻을 수 있는 것이라고 굳게 믿고 있었다.

산간 도시이며 성 근처에 발달된 도시이기도 한 U시에 신축중인 어느 신용금고의 6층 건물을 예정된 준공기간인 11개월보다 2개월 앞당겨서 9개월 반만에 완성시킬 수 있었다.

토목건축에서 청부를 맡으려면 가격을 어떻게 싸게 하느냐 또한 얼마나 빠른 기간에 준공을 시키느냐 하는게 비결이었다. 따라서 그의 이런 청부업은 사실상 성공리에 완성되었다고 해도 과언이 아니었다.

그런 그가 내일 있을 낙성 축하회와 준공된 건축물 명도식이라는 화려한 장면을 상상하면서, 자리에 든 시각이 밤 11시가 넘어서였다.

현장에는 이미 화려한 휘장들이 빌딩의 중간 마당에 둘러쳐져 있고, 앞 현관에는 몇 10개나 되는 화환이 즐비하게 놓여 있어, 그의 명예는 이미 바로 눈 앞에 굴러온 것이었다.

누전으로 인한 실화로 2층과 3층을 재로 만들어 버린 저 화재만 없었던들!

이 세상은 어찌 이다지도 무정한 것일까 하고, 그 뒤로 몇 년 동안에 걸쳐서 후회스럽기만 한 화제였던 것이다.

영업 보증 문제와 공사 연체에 의한 손해 보증 관계로 거듭되는 어려운 고비를 헤쳐 나가기 위해 회사는 거의 도산 직전의 상태에까지 몰리게 되었다.

다행히 그에게는 조상 때부터 내려오는 재산이 있어서 산이나 택지 따위를 팔아서 간신이 해결을 했던 것이다.

그로부터 2년 남짓은 문자 그대로 죽느냐 사느냐 하는 치열한 싸움이었다. 인간이 성공하고 못하는 것은 나의 노력 하나로 결정된다는 그의 신조가 유일한 지주(支柱)였던 것이다. 회사도 겨우 숨을 돌리게 되었다.

토사가 무너져서 생매장 당하다

1958년 가을, 산들이 다투어 겨울 채비로 들어갈 무렵에 그는 인가가 든문 산 속의 현경(縣境)에 가까운 N군의 160 미터나 되는 터널 공사를 청부 맡았다.

어느 날, 공사 현장에서 일하는 사람들의 사기를 높일 목적으로 그는 그곳을 찾아 갔었다.

이 공사는 어느 토목회사가 4개월이 넘었는데도 어떤 무른 토질을 파내지 못하여(파면 무너지고 파면 무너져서) 마침내 포기했던 사연이 있는 공사였다.

이 작업을 인수한 그는 특수기계를 도입하여 사용했고, 거의 이렇다 할 지장도 없이, 불과 3주일 동안에 이 어려운 현장을 돌파할 수 있었다.

가관통(假貫通)을 한 다음, 외부 확장공사를 하는 등 순조롭게 공사는 진행되어 이렇게 나간다면 상당한 이익도 생길 거라는 계산도 있어서, 그에게는 공사가 진행되는 과정이 즐거운 일이었다.

2시간 가량 현장 안을 시찰했을 무렵이었을까? 터널 안에서는 마침 낮 근무 2부의 인부들과 밤 근무 1부의 인부가 교체된, 바로 오후 6시가 조금 지났을 무렵이었다.

갑자기 요란한 소리와 함께 머리 위의 토괴(土塊)가 몇 미터에 걸쳐서 무너져 내린 것이다.

이 곳은 전에도 흙이 무너졌던 공사하기 어려운 문제의 현장이었다.

토사가 무너진지 9일째 되던 날, 병원 침대에서 그는 비로소 실신상태에서 깨어났다. 이 참사에서 14명이 생매장을 당했고, 그 가운데 6명이 즉사했으며 8명이 빈사상태의 중상을 입은 것이다.

더우기 중상자 가운데 3명은 그날로 죽었고, 이틀째에 다시 2명이 죽었으며, 7일째 되던 날 아침에 2명이 저승으로 갔다.

그 자신도 거의 절망상태였으나, 아주 기적적으로 소생하여 유일한 생존자가 되었다. 더우기 치골열상(恥骨裂傷), 방광내 충혈(膀胱內充血), 왼쪽 대퇴골 골절(大腿骨骨折)이라는 중상을 입은 몸이었다.

이렇게 다시금 반복된 불운이 계속되는 가운데, 재해로 인한 사망한 가족들의 생활보장이라는 무거운 짐을 지고서 마침내 회사는 문을 닫는 방법 밖에 없었다.

그는 지난 번의 사건때, 처리하고 남은 재산을 전부 팔아서 일을 처리하지 않으면 안되었던 것이다.

비리먹은 말에 쇠파리가 낀다는 말처럼, 팔려고 내 놓은 택지나 건물들은 싼값에 팔리고, 상거래의 추악한 면을 드러냈다.

하지만 무엇보다도 우선 돈을 주선하여 유족들에게 나눠 주어야만 하는 입장에 놓인 그는 분한 마음을 참고 토지와 건물을 내 놓는 수 밖에 도리가 없었다.

출하하는 전날 밤에 전멸되다

거듭되는 고난에도 지지 않고 다시 일어설 수 있었던 것은 그의 젊음의 활력과 돈을 벌겠다는 일념에서였다. 그는 몸이 회복되기를 기다릴 수 없다는 듯이 다음 사업에 손을 대고 있었다.

그가 노린 것은, 은어를 양식하는 일이었다. 비와 호수에서 낳은 5센티 정도의 치어를 산채로 운반하여 풀 모양의 연못에서 두달 반 정도만 기르면 한 마리, 1원으로 사들인 것이 200원 정도로, 도매상에 넘길 수 있는 것이다. 인건비·광열비·사료비 따위의 비용을 합쳐도 한 마리당 기껏 30원 정도니까 이것은 거저 먹기나 다름없는 사업이었다.

그는 다음 해, 남은 전 재산을 투입해 확장공사를 하고 5만 마리에서 단번에 20만 마리를 사육하기로 했다.

수백 미터나 되는 굴착 우물(지름이 35센티) 네 군데에서 뿜어내는 수량(水量)은 70센티 높이의 분수가 되어 넘치고 물줄기 끝은 마치 강과 같은 흐름이 되었던 것이다.

하나가 학교의 풀장보다 3배가 넘었는데, 이것이 10여군데나 늘어선 광경은 장관을 이루어 3월이 되자, 근처의 국민학교와 중학교에서는 날마다 견학하러 와서 일종의 관광시설이 되기까지 했다.

4월 하순에는 길이 13,4센티로 성장한 은어가 풀 안을 새카맣게 떼를 지어 헤엄치고 있었다.

5월 중순의 은어 해금(解禁)을 앞두고 마침내 출하할 시기가 다가왔다. 시세는 한 마리에 190원을 보니까, 아무리 싸게 치더라도 3천만엔의 실수입이 예상되는 계산이었다.

전기처리에 의하 선도(鮮度) 유지 방법으로 죽여서 세 마리씩 작은 상자에 넣으면 트럭으로 7대가 된다는 계산이 나왔다.

N운송회사에게 운반을 부탁했더니, 당장에 7대는 조달할 수 없으니 내일로 하자는 것이었다.

하는 수 없이 출하할 것을 보류하고 풀의 물을 수심 1미터에서 30센티로 떨어뜨리고 작업을 하기 쉽게 했다.

그날 밤은 작업인원 25명을 자택에서 자게 하여 대기시켰던 것이다.

"이것으로 겨우 사람 노릇을 하게 된다."

그는 가슴의 설레임으로 도저히 잠을 이룰 수 없었다. 하지만 낮의 피곤함때문에 한밤중에 이불도 덮지 않은 채 꾸벅꾸벅 잠이들었다.

"큰일났어요. 사장님!"

하는 요란한 소리에 그는 벌떡 일어났다.

종업원들의 설명에 의하면 이 근방 일대에 짙은 안개가 갑자기 피어났다는 것이다. 무서운 자연의 위협이었다.

은어는 안개때문에 공중의 산소를 마실 수 없게 되어 괴로워하면서 차례로 죽어 갔다.

20만 마리가 전멸이라는 비참한 사태가 벌어졌다. 풀의 밑바닥은 배를 위로 뒤집은 은어떼로 온통 하얗게 덮였다.

하룻밤 사이에 3천만원의 손해를 입은 것이다. 그는 캄캄한 지옥 속으로 거꾸로 처박히는 듯한 절망감을 순간적으로 맛본 것이었다.

무서운 용신(龍神)의 복수

철저히 사업에 실패하고 거듭되는 빚과 정신적인 타격때문에, 그의 매일 매일은 어둡고 불안한 생활에 쫓겨, 일가가 집단 자살할 것까지 생각하게 되었던 것이다.

그러던 어느 날, 아버지의 친구가 찾아와서 도장에 갈 것을 권했다. 이제 하느님의 구원 같은 것을 믿을 수 없다고 여긴 그는 도저히 그런 말이 귀로 들어올 리가 없었다. 하지만 상대방은 5일 동안 날마다 찾아와서 귀찮을 정도로 권하는 것이었다.

결국은 모든 비용을 부담할테니 하여튼 가보자고 반강제적이며 위압적이었다. 그렇게까지 권한다면 의리상 어쩔 수 없어 마지 못해 도장을 찾아 갔다.

첫번째는 별로 이상이 없었다. 하지만 이마에 손을 가까이 댄 도사는 손이 움직이고 있었다고 말했다. 그런 어리석은 말이 어데 있나 하면서도 다음 날 찾아 갔더니 분명히 손이 움직이는 것이 느껴졌다.

그는 이상하다고 생각하여 사흘째도 도장에 갔다. 이번에는 멈추려고 하여도 멈춰지지 않는 영동(靈動)이었다. 두 손을 합장한 채 꿈틀거리며 자꾸만 위로 끌려가는 상태가 되자, 그가 이상하게 생각했던 것은 놀라움으로 변하고 말았다.

10일, 20일 이렇게 날마다 다니는 사이에, 그는 흥미가 지나쳐서 이제는 의지할 수 밖에 없는 기분에 사로잡히고 말았다.

12월 2일부터 시작해 연말이 가까워진 29일에는 20평이나 되는 도장이 좁다는 듯이 손발을 쓰지 않고 배로 기어다닌다는 기이한 영동(靈動)을 일으켰다.

다음 해 2월경에는 더욱 더 난폭해져서 두 사람이 두 손을,

또 다른 두 사람이 두 다리를, 그리고 한 사람은 허리 위에 올라타고 또한 사람이 머리를 두 무릎으로 누르고 이마에 수장요법을 시술하는 여섯 명이 동원되는 등 법썩을 피웠다.

하느님의 빛을 싫어하는 영(靈)이어서 누르면 누를수록 난폭하게 굴고, 물어뜯고, 치고 받고 하는 대소동이 벌어졌다.

또한 '으엉! 으엉!' 하고 부르짖어 도저히 여자의 힘으로는 시술을 할 수 없는 형편이었다. 영사(靈査)를 해보니 다다미 반장의 크기에 '내 대지(大地)에 군림(君臨)할 수 있는 한, 이 앙갚음을 어찌 아니할까 보냐!' 하고 몸서리가 쳐질 정도로 갈겨 쓴 글씨가 나타났다.

난동이 심해 어떻게 할 도리가 없어서, 마침내 두 다리를 홑이불로 묶고, 두 손을 잠옷 끈으로 묶은 다음에 시술을 하였는데, 어느 틈에 손발의 끈이 끊어진 것이었다.

이 요란한 영동(靈動)이 하느님의 빛을 받아서 야망을 뒤엎게 되는 용(龍)의 마지막 반항이라는 것을 나중에야 알게 되었다.

유서 깊은 집에는 그만큼 흑막도 많은 법이다. 이로노 집안은 이상하게도 5대에 걸쳐서 양자와 혼인하는 일을 되풀이해 왔다.

그것도 모두 빙의령이 시킨 짓이었음이 영사에 의해서 비로소 판명된 것이었다. 이로노 가의 지금부터 6대조째 조상은 지금의 사회로 볼 때 세무서장의 자리에 있었다.

상당히 가혹한 사람으로, 세금을 징수하는데 특히 엄격해 어느 농군이 세금인 벼를 거두어 들일 때까지 열 네살 짜리 딸을 인신공양(人身供養)으로 보내자, 그 딸을 건드리고 두 달도 채 지나지 않았는데 다시금 징수하기 위해 사람을 보낸 것이다.

　농군 부부는 세상을 허무하게 여기고 자살했다. 그 말을 들은 딸도, 부모를 그와 같은 궁지로 몰아 넣은 것을 원망하고 용신(龍神)을 모신 사당 앞에서 자살했다.

　자손 만대까지 빙의되게 해달라고 부탁을 받은 용은 우선 6대 전의 조상을 죽였던 것이다. 무사(武士) 집안의 관습에 따라 아들이 없으면 절손(絶孫)이 되므로 이로노 집안에서는 곧 양자를 얻고 색시를 맞아들였다.

　하지만 자손이 없어서 3대째에 다시 양자를 맞았으므로 조부도 양자 아버지도 양자였던 것이다. 다행히 이로노씨 자신에게는 아이가 있었으나, 딸만 셋이어서 이 또한 양자를 맞아야 할 처지였다.

　용은 이런 방법으로도 아직 그 집안을 없애지 못한 것이 분해서 마침내 경제적으로 앙갚음을 하는 것으로 계획을 바꾼 것이다. 화재(불)·산사태(흙)·안개(물)의 3단으로 영력(靈力)을 발휘하고, 백 수십년에 걸친 원한의 집념에 마무리를 하려고 했던 것이다.

　집념의 귀신으로 바뀐 한 소녀에게 부탁을 받았다는 사실만으로 실로 6대에 걸쳐서 재액(災厄)을 끼치는 이 무서운 영혼의 암약(暗躍)!

　그는 자기 조상의 죄의 깊이를 깨닫게 되자 이대로는 도저히 만족한 생애를 보낼 수 없음을 알고 마침내 도사가 되어 세상 사람들을 구원하겠다고 결심했다.

　그는 현재 옛날의 자기와 같이 그날 그날을 사리 사욕에 얽매여 사는 사람들에게 성공이나 영달(榮達)도 결코 자기 개인의 힘만으로는 얻을 수 없다는 것을 설득하는 처지가 된 것이다.

4. 손발이 멋대로 움직이는 병

의사도 속수무책

어느 날 갑자기 자기의 의지에서가 아니라, 멋대로 자기의 수족이 움직이기 시작하면서 계속 멎지 않게 되었다면 어떻게 될까?

그것도 약간 떨 정도가 아니라 크게 휘두르듯이 움직이는데, 의사에게 보여도 원인을 알 수 없을 뿐만 아니라 치료 방법도 없고, 신경성인 것이니까, 그러는 사이에 자연히 호전된 것이라는 말을 듣는다면 얼마나 불안할 것일까?

그런데 이와 같은 현상은 최근 여기 저기에서 늘어만 가고 있다. 여기에 등장하는 목수인 야마모토 기이찌로오(山本機一郞)씨도 그 중의 한 사람이다.

8월 하순, 야마모토씨는 위궤양으로 입원하고 있는 친지 K씨를 병원으로 병문안 갔다가, 갑자기 기분이 언짢아져서 귀가한 후 그대로 3일 동안 잠을 자고 말았다.

4일째 되던 날 아침 눈을 떠보니, 자기의 왼쪽 팔과 왼쪽 다리가 제멋대로 움직이는 것을 알게 되었다. 깜짝 놀라서 멈추려고 했으나 움직임이 멎지 않는다는 것을 안 야마모토씨는 큰 소리로 집안식구를 불렀다. 무슨 일이 일어났나 하

고 뛰어 온 가족은,

"어쩌자고 그런 어리석은 짓을 하는 거예요!"

하고 타일렀으나, 본인이 하려고 해도 동작이 멎지 않는데 놀라서 가족들이 급히 팔을 누르자 움직임이 멎었다. 그러나 가족이 잡고 있던 손을 놓으면 다시 움직이기 시작했다.

서서 걸음을 걸으려고 해도 다리가 제멋대로 다른 방향으로 움직이는 탓으로 일어설 수가 없고 찻잔을 들고 있으려고 해도 들고 있을 수 없으며, 밤에도 제대로 잠을 잘 수 없는 생활이 그 후에 4개월이나 계속되었다.

집안 식구에게 이끌려 몇 사람째인가 정신병원 의사의 진찰을 받았으나,

"최근에 이와 같은 증상이 많아졌습니다. 시간이 지나면 나을 겁니다."

라고 하면서 똑같은 대답을 하는 것이었다. 2, 3대의 주사를 놔주면서 뇌연화증(腦軟化症)같다는 엉터리 병명을 말하고, 앞으로는 전기요법이나 받아보는 것이 좋으리라는 식이었다.

더구나 야마모토씨는 10년째 당뇨병을 앓고 있어서 이것도 안되고 저것도 안된다는 식사요법 때문이기도 하겠지만, 20관이나 되던 체중이 지금은 13관으로 줄어 빼빼마른 몸이 되었던 것이다.

여러가지 현대의학적 방법을 강구해 보았으나 전혀 효능이 없었으므로, 야마모또씨는 친구의 소개로 자택을 방문한 도사(導士)의 시술을 순순히 받아 보기로 했다. 그리고 단 한번만으로, 자기의 손발 움직임이 눈에 띄게 달라진 것을 알게 되자 눈물을 흘리며 기뻐하는 것이었다.

다음 날, 도사의 수장(手掌)요법에 의해서 빙의령이 떠올

랐다. 그것은 여우의 영동(靈動)이었다. 도사가 더욱 더 말
없이 손을 뻗히고 있자, 야마모토씨의 얼굴이 의미있게 히죽
웃는 것이었다. 그 웃는 형상이 어찌나 무섭던지 '도저히 말
이나 글로는 표현할 수가 없었다'고 나중에 도사가 말했을 정
도였다.

도사는 등골이 오싹해지는 것을 느끼면서 배에 힘을 주고
더욱 더 이마를 향하여 손을 뻗고 있자 영이 이번에는 괴로
워하기 시작했다. 뻗고 있는 손을 밀치며 헉 헉! 괴로운 듯이
숨을 몰아쉬며 마침내 부르짖기 시작했다.

"제발 그만해 줘. 괴로워, 이제 안할 테니까. 아, 괴롭다!"

무시무시한 비방

그 모습을 보고 도사는 비로소 빙의된 영을 향해 영사(靈
査)를 시작했다.

"어째서 야마모토씨에게 기생하였습니까?"

"부탁을 받았다! 내가 나쁜 게 아냐, 아끼바(秋葉)라는 사
람에게 부탁을 받은 거야."

"그 사람에게서 무슨 부탁을 받은 것입니까?"

"아끼바라는 사람이 자기 쪽으로 일이 오게 해 달라고 부
탁을 한 거야. 그러니까 그렇게 한 거지. 손과 발을 부자유스
럽게 하여 일을 못하게 했을 따름이야."

도사는 더욱 더 손을 뻗어서 여우가 기생해서 하고 있는
짓이 하느님의 법칙에 어긋나는 잘못된 행위라는 것을 타일
러 주었다. 또한 시술을 한 뒤, 도대체 '아끼바'라는 사람이
어떤 사람인가를 야마모토씨에게 물어보았다.

"아끼바라는 사람은 동업자입니다. 사실은 반년쯤 전에 있

었던 일입니다만, 어떤 공사(工事)를 청부맡기 위해 그 사람과 경쟁을 한 일이 있습니다. 그때, 제가 이런 병에 걸리게 되었기 때문에 일도 자연이 그 사람의 것이 되고 말았습니다. 그러고 보면 그 분은 그런 믿음을 갖고 있다는 이야기를 들은 일이 있습니다."

야마모토씨는 사업의 경쟁 상대자로부터 비방을 당해 눈에 보이지 않는 자연령(自然靈)의 노리개가 되어 왔다.

요즘 세상에 이런 식으로 남을 비방하는 경우가 있겠는가 하고 생각하는 독자들도 있겠지만, 사실은 사람들 눈에 띄지 않는 곳에서 뜻밖에도 많이 행해지고 있었다.

도사는 야마모토씨에게 자세이 타이르듯 이야기했다.

"아끼바씨를 원망해서는 안됩니다. 아끼바씨는 아마도 만령(萬靈)이 실제로 살아 움직인다는 사실도, 그리고 '비방'을 한다는 것이 얼마나 무서운 결과를 가져온다는 것도, 사실은 잘 모르고 행동했던 것이 분명합니다. 첫째, 남을 비방하면 이번에는 자기 자신이 다른 형태로 고통을 받게 되는 것이니까요. 그것을 알고 있다면 그런 짓을 할 수 있을 까닭이 없습니다. 모르기 때문에 가벼운 기분으로 그런 짓을 한 것일 테니까요. 당신이 여기서 아끼바씨를 원망하기보다는 아끼바씨처럼 영혼의 활동을 모르는 사람에게 하루라도 빨리 이런 사실을 가르쳐 주어서 모두가 영혼이 주는 고통에서 해방되도록 해야겠습니다."

그 뒤 2개월도 되기 전, 야마모토씨의 손발이 제멋대로 움직이는 증세는 완전히 없어지고 자기도 모르게 10년째 앓고 있던 당뇨병까지 완쾌되었다.

5. 생령(生靈)이야기

1

우리나라의 오랜 속담에 '여자에게 원한을 크게 사면 5, 6월에도 서리가 내린다'는 말이 있다.

이것은 사람에게 원한을 사는 것이 얼마나 무섭다는 것, 그 중에서도 여성에게 원한을 사는 일의 무서움을 표현한 좋은 예이거니와 심령과학적으로 본다면, 죽은 사람의 영혼보다도 살아 있는 사람 그것도 상대방의 영능력(靈能力)이 잘 발달된 사람으로부터 저주를 받는 것이 굉장히 무서운 결과를 가져 온다는 의미인 것이다.

왜냐하면, 영능력이 있는 사람이 정신을 집중시켜 누구를 저주하면 그 순간에 저주한 사람과 똑같이 생긴 영적(靈的)인 생물이 발생해 상대편을 괴롭히게 되기 때문이다.

이것을 심령과학에서는 영(靈)의 화생(化生)이라고 한다.

더우기 문제되는 것은, 대부분의 경우 저주한 사람 자신은 이런 현상이 일어난다는 것을 모르고 있으며, 한번 생긴 영의 화생(化生)은 그 당사자가 저주를 중단해도 계속하여 발생한 당시의 작용을 수행한다는 매우 두려운 사실인 것이다.

이것도 영능력자가 없애려고 작심하면 정확한 영사(靈査)

를 통해 소멸시킬 수가 있다.

　최근에 필자가 경영하는 연구원을 거쳐 간 환자 이야기를 적어 보기로 한다.

　어느 날, 31세라는 미모의 여자가 찾아왔다.

　몇 년 전부터 디스크로 고생했고, 수술도 했으나 다시 재발이 되었고, 몸이 냉하고 무겁다는 이야기였다. 그리고 인물은 남보다 못하지 않은데도 어찌된 영문인지 마땅한 혼처가 나서지 않는다는 것이었다. 내가 영사를 해 보니, 코와 입 언저리는 분명히 처녀인데 눈은 그렇지가 않았다.

　"혹시 7, 8년 전에 아가씨와 꼭 결혼하고 싶었던 사람이 없었던가요? 몹시 추근거리면서 따라다니던 그런 남자 말입니다."

　그녀는 한동안 생각에 잠겨 있더니 그런 일이 있었노라고 했다. 그때는 나이도 어려서 결혼하고 싶은 생각이 없었기에 거절했다는 것이었다.

　"혹시 말입니다. 그 남자는 키가 작은 편이 아니었던가요?"

　"맞았는데요. 그걸 어떻게 아시죠?"

　"키가 작다는 것도 청혼을 거절한 이유 가운데 하나가 아니었던가요?"

　"맞습니다, 하지만 그것보다는 그때는 나이가 결혼하기에는 아직 어리다고 생각했고, 또 더 좋은 신랑감이 나서리라고 생각해서 거절을 했던 거예요."

　"그러니까 말입니다. 그때, 그 청혼한 분은 자기의 청혼이 한 마디로 거절당한 것을 몹시 분하게 생각해서 저주를 했던 것입니다. 어디 네가 얼마나 훌륭한 신랑하고 결혼하는가 두고 보자고요."

이렇게 설명하면서, 나는 영의 화생(化生)이 생겨 그녀의 눈 인상을 바꿔 놓은 이야기를 들려 주었다.

"아가씨의 눈을 보면 퍽 남성 교제가 많은 사람과 같은 인상을 줍니다. 아마 그것이 그동안 결혼하지 못한 원인이 아닌가 합니다."

"그러고 보니 주위에서 모두들 저에게 애인이 있을 거라는 이야기였어요. 성립될 법하던 혼담이 깨진 이유도 이제야 알겠어요."

필자는 영의 환생을 소멸시키는 법을 시술했다. 그러자 정말 이상한 일이었다. 그 자리에서 아가씨의 눈의 인상이 바로 순진한 처녀의 눈으로 변하지 않는가.

필자는 거울을 그녀에게 주면서 자기의 얼굴을 비추어 보라고 했다.

"눈이 아주 맑아졌군요. 충혈되었던 게 없어지고 아이들 눈처럼 흰자위가 아주 파랗게 변했군요."

"하여튼 결혼하려면 지금의 그 몸으로는 불행을 자초하는 일입니다. 체질개선을 하십시오."

하고 필자는 말했다.

그 뒤, 이 아가씨는 1주일 동안 필자의 연구원을 다닌 것으로 기억한다. 들리는 말로는 그 뒤 디스크도 없어지고 건강을 되찾았다고 했다.

결혼했다는 이야기는 아직 듣지 못했다.

2

갈현동에 사시는 B부인의 경우는 또 이러했다.

남편되시는 분은 유능(有能)한 분인데도 계획하는 일마다 실패를 거듭한다는 이야기였다. 필자가 부인을 영사(靈査) 해본 결과는 다음과 같았다.

"아주머니께서 결혼하시기 전에, 남편되시는 분과 꼭 결혼하려고 했던 처녀가 있었죠?"

"네, 그런 일이 있었어요."

"그 처녀는 그 뒤 결혼을 했다가 남편과 사별(死別)했고 지금은 다방 마담 노릇을 하고 있지 않습니까?"

"네 그것도 사실입니다."

"이 처녀의 사모친 원한때문에 되는 일이 없군요."

그러자, B부인은 무슨 방법이 없겠느냐고 애원하는 것이었다. 나는 B부인에게 오랫동안 부착되어 생령(生靈)을 제령(除靈)시켰고, 그 부작용으로 B부인은 심한 몸살을 앓아야만 했다.

이런 것을 볼 때 우리는 남에게 원한을 살 일도 해서는 안 되겠지만, 또한 남을 저주한다는 것도 깊이 삼가해야 할 일임을 알 수가 있다.

6. 멸종당한 왕지네 가족들의 원한

　사람에게 영혼이 있다는 사실도 못믿는 사람들이 많은데, 하물며 벌레에도 혼이 있다면 필자의 정신상태를 의심할 분이 많으리라고 생각한다.
　그러나 사실은 소설보다도 더 기구하다는 말이 있듯이, 지금부터 말하려는 이야기는 필자가 2년 전에 직접 체험한 것임을 밝혀 둔다.
　하루는 이상한 피부병을 앓고 있는 한 부인이 필자의 연구원을 찾아왔다. 피부병을 앓기 시작한 지 꼭 28년이 된다고 했다. 형제가 모두 9명인데, 오빠 한 사람만 제외하고 8명의 자매들이 한 날 한 시각에 이상한 피부병에 걸렸다는 이야기였다. 어떤 약도 처음에만 조금 효과가 있을 뿐, 시간이 지나면 전혀 효과가 없다고 했다.
　"그러면서도 다른 사람에게는 전염되지 않는 것이 이상하지요."
　부인의 몸에서는 곰팡이 냄새 비슷한 이상한 냄새가 풍기고 있었다. 또 어떻게 보면 송장 냄새, 시체 썩는 냄새 같기도 했다.
　이런 악취를 풍기는 부인을 아내로 거느리고 살아야 하는 남편의 고충은 짐작이 가고도 남음이 있었다. 영사(靈査)를 했을때, 환자는 두 손을 떨고 있었는데, 이내 기생령(寄生靈)이 부령(浮靈)하는 모습이 나타나는 것이었다.

필자는 환자에게 말이 떠오르거든 서슴치 말고 이야기를 하라고 했다. 그랬더니, 이야기가 터져 나오기 시작했다.

"우리는 충청도 감나무골 골짜기에 살던 왕지네 가족들인데, 이 사람의 외조부가 지금부터 40년 전에 보약으로 쓴다고 우리 가족 천마리를 모조리 잡아먹었오. 그 원한이 사모쳐서 우리들은 몰살시킨 당사자에게 붙으려고 했으나, 그 영력(靈力)이 강해 근처에 갈 수가 없었고, 그 아들 손자도 마찬가지였오. 여자들은 선천적으로 영이 기생하기 좋은 체질이라 이들 자매에게 28년 전에 기생해서 오늘에 이른 것이오."

환자인 부인은 몹시 어리둥절해 하는 눈치였다. 자기 입에서 전혀 자기가 알지 못하고 있는 사실을 청산유수로 지껄여대니 놀랄 수 밖에 없는 일이었다.

여지껏 필자를 찾아오는 환자들은, 대부분 필자가 영사를 해서 기생령의 참 모습을 밝혀 제령(除靈)했을 뿐, 이렇듯 기생령 자체가 부령해서 자기가 누구임을 밝히는 경우는 많지 않았다.

"우리 가족들 가운데 몇 마리만 축을 내었어도 우리는 이런짓을 하지 않았을 겁니다. 그러나 천 마리나 되는 일족을 전멸시켰으니 우리로서는 복수를 하지 않을 수 없었습니다. 앞으로도 계속 괴롭힐 생각입니다."

필자는 예사 방법으로는 제령이 힘들 것을 느끼지 않을 수 없었다. 조용히 마음을 가다듬고, 기생령의 전생(前生)이 무엇인가를 영사해 보았다.

이하는 기생령과 필자와의 문답 내용이다.

"그대들은 아무런 까닭도 없이 이 환자의 외조부(外祖父)에게 몰살되었다고 생각되는가?"

"……"

"그대들은 지금부터 여러 천년 전 중국 주(周)나라 황실(皇室)의 신하들이었다. 간악한 꾀로 충신들을 모함해 역적으로 몰고 그들 가족 1천명을 벌레처럼 잡아 죽이고 그들의 재산을 뺏아 호의호식 했다. 그런 죄 때문에 그대들은 그 다음 번 세상에서 땅을 기는 지네가 된 것이다. 그리고 그대들은 본시 인간이었으나 벌레와 같은 짓을 하고 지네와 같은 행동을 했기 때문에 지네가 된 것이다. 그대들을 죽인 이 환자의 외조부는 앞서 세상에서 그대들에게 억울하게 학살당한 충신 가족의 족장(族長)이었던 것이다. 왜 그대들이 멸족당했는지 그 이유를 알겠는가?"

"……"

환자는 몹시 괴로워하는 표정을 짓더니 이내 고개를 푹 떨구고 말았다.

"이 우주는 인과율(因果律)이 지배하는 세계이다. 그 누구도 자기가 만든 원인으로부터 모면할 수는 없는 것이다. 그러니까, 너희들은 그런 전생의 잘못때문에 당한 화인줄을 모르고 28년 동안 죄없는 8명의 자매들을 괴롭혔으니 그 책임을 앞으로 어떻게 면하려는 거냐?"

이때 필자의 입에서 나오는 소리는 방 안이 떠나갈듯 했다. 환자는 얼굴이 새파랗게 변한 채 아무런 대답이 없다.

"조물주이신 하느님은 사랑이시며 지혜이시고 힘이시다. 결코 너희들을 미워하시지는 않는다. 기회는 누구에게나 주어져 있는 거다. 하느님께서는 너희들이 벌레의 탈을 벗고 다시 인간이 되어 밝은 삶을 갖기를 원하신다. 그러나 너희들이 지난 28년 동안 지은 죄는 너희 손으로 속죄를 해야 한다. 그래야만 너희는 다음 세상에서 다시 인간이 될 수 있을 게다."

"그러면 어찌하면 좋겠습니까?"

필자는 파란 음(陰)반지 낀 손을 앞에 내어 밀었다.

"이리로 들어오너라. 사람의 눈에는 비록 작은 반지이지만 원자(原子)의 크기로 보면 이것도 하나의 우주이다. 이 속에 들어가서 내가 앞으로 제령할 때, 빨리 말을 듣지 않는 악령들을 제거시켜 이 속에 가두게 하는 일을 도와다오. 너희가 속죄를 다하는 날, 너희들은 저절로 이 속에서 해방되어 유계로 돌아가게 되리라."

그러자 이상한 일이 벌어졌다.

환자가 일어나서 덩실덩실 춤을 추면서 합장한 두 손을 모아 필자의 반지 앞에 내어 밀곤 하는 것이었다.

이 이야기를 읽는 독자 여러분들은, 아마도 필자의 정신상태를 의심하기가 쉽겠지만 이것은 틀림없이 필자의 집에서 일어난 사실들이다.

증인들도 여러분이 있다. 다만, 환자였던 분의 명예에 손상이 있을까 싶어서 그 분의 본명을 밝히지 않을 따름이다.

오늘날까지 심령과학이 이룩해 놓은 자료에 의하면 인간의 영혼이 동물로 다시 태어난다든가 벌레가 된다는 이야기는 없는 것으로 필자는 알고 있다. 그러나 오랜 옛날 석가모니께서는 윤회설을 말씀하시며 인간이 축생도(畜生道)로 떨어질 수 있음을 이야기하신 바 있다.

필자가 겪은 체험담은 결코 새로운 이야기가 아님을 밝혀 두는 바이다.

7. 갑자기 결핵 환자가 된 이발사

필자가 가까이 지내고 있는 S한의원의 강원장이 몇년 전 사당동에 있는 어떤 종합병원에서 물리치료실(物理治療室)을 운영하고 있었을 때 일이다.

하루는 필자가 강원장과 이야기를 주고 받고 있는데, 한 낯선 젊은이가 두 장의 X레이 사진을 들고 찾아왔다. 자기는 이발사인데 두 달 전에 X레이 사진을 찍었을 때는 폐에 아무런 이상이 없었는데 보름 전 졸도를 해서 이상한 생각이 들어 X레이 사진을 찍은 결과 폐결핵 3기라는 진단이 내려졌다는 것이었다.

아무리 생각해도 상식으로는 도저히 있을 수 없는 이야기였다. 아무리 결핵이 무서운 전염병이라고 해도 45일 동안에 건강하던 젊은이가 결핵 3기의 중병환자가 된다는 것은 있을 수 없는 일이기 때문이었다.

"혹시 이 사진이 다른 사람의 것과 뒤바뀐 게 아닙니까?"

"저도 그 생각을 해 보았는데 그렇지가 않다는 것입니다. 두 사진이 틀림없이 저를 찍은 게 분명하다는 것입니다."

"잠깐만 나 좀 보십시다."

하고 필자가 젊은이를 부르자, 그는 눈이 부신 사람처럼 필자의 시선을 피하는 것이었다.

순간, 필자는 그의 젊은 얼굴 뒤에서 한 창백한 여인의 얼굴을 보았다.

"15일 전에 졸도를 했다고 했는데 그날이 일요일이 아니었던가요?"

"그렇습니다."

"그날 여자 친구와 함께 정릉 숲 속에 놀러간 일이 없습니까?"

젊은 이발사는 몹시 당황해 하면서 이번에는 얼굴까지 붉히며 고개를 숙이는 것이었다.

"아무도 없는 깊은 숲 속에서 정을 나눈 게 아닙니까?"

그는 아무런 대답이 없다.

"사실을 그대로 이야기해 주어야 합니다. 이것은 죽느냐 사느냐 하는 문제니까요."

"그건 사실입니다. 처음부터 그러려고 했던 것은 아닌데, 그때 분위기가 그만……"

"알겠어요. 일을 끝내고 일어서다가 졸도한 게 아닙니까?"

"네, 갑자기 현기증이 나면서 어지러워지더군요. 구역질이 나서 무얼 토한 기억이 났을 뿐, 정신을 차려보니 병원이었습니다."

"당신에게는 지금부터 9개월 전에 그 숲 속에서 신병을 비관하여 자살한 무교동 W홀 출신인 어느 호스테스의 영혼이 붙어 있는 것입니다. 폐병 3기에다가 빚은 많고, 애인에게도 버림받아 세상을 비관해서 자살을 한 거죠. 그런데 죽으면 문제가 해결될 줄 알았는데 그렇지가 않았죠. 자기의 시체가 실려가는 것을 분명히 보았는데 자기는 틀림없이 살아 있는 여자의 마음으로 남고 싶었던 거죠. 그래서 그 여자의 영혼은 무척 고민했지요. 그때 마침 당신이 애인과 함께 나타나

정사를 나누는 것을 보고 살려 달라고 매어달린 것이고, 그 때 당신은 기절한 것입니다."

"그러니까 제 몸에 귀신이 붙었다는 이야기입니까?"

"바로 그렇습니다."

"어떻게 하면 좋죠?"

"제령을 해야 합니다. 그 여자의 영혼은 보호령을 불러서 저승으로 보내야 합니다. 그런 뒤에 다시 X레이 사진을 찍어 보십시오. 어떤 변화가 있을 겁니다."

필자는 이날, 그 이발사에게 빙의된 호스테스의 영혼을 잘 타일러서 이탈을 시켰다.

얼마 뒤, 강원장을 통해 들은 바에 의하면 세번째로 찍은 이발사의 X레이 사진에서는 아무런 이상도 발견되지 않았다고 했다.

제3장
인간과 동물

1. 자살 충동에 괴로워 하는 이발사

경복궁 담을 끼고 총리공관을 향해 올라가다 보면 오른쪽에 소격동 파출소가 보인다.
그 파출소 바로 맞은 편에 작고 아담한 이발소가 있다.
이름은 '덕원이용원', 퍽 오랜 역사를 가진 이발관이다. 옛날에는 초가(草家)였었는데 그 뒤 헐고 다시 짓기는 했으나 지금 60세가 넘은 필자가 국민학교에 다니기도 전에 이 집에 와서 이발을 한 기억이 있으니까 정말 오랜 역사를 가진 이발관이다.
필자는 이 이발관을 단골로 자주 다니는 편인데, 하루는 머리를 깎고 있는데 주인인 김씨가,
"우리 이발관의 이발사 가운데 요즘 갑자기 이상한 노이로제 환자가 생겼는데 치료가 가능할까요?"
하고 은근히 묻는 게 아닌가.
"어떤 증상이죠?"
"글쎄 그게 아주 이상한 증세입니다. 바깥에서 자동차 지나가는 소리만 들리면 달려나가서 차 밑에 깔리고 싶은 충동을 느낀단 말씀입니다. 그래서 귀에다 솜을 막고 일을 하고 있지를 않습니까. 그런데 본인은 죽을 만한 이유가 전혀 없는데 발이 말을 듣지 않는다는 것입니다."

"그래 언제부터 그런 증세가 일어났나요."
"한 1주일 되나 봅니다. 참, 그리고 이상하게 쉴새없이 설사도 하고 있지요. 설사 멎는 약을 아무리 먹어도 통 멎지를 않는군요."
"알았습니다. 이발 끝난 뒤에 보아드리도록 하죠."
그때가 초여름이었던 것으로 기억한다. 대낮이라 이발소 안은 한가했다.
필자는 이발이 끝나자 자칭 노이로제 환자라는 이발사를 둥근 나무 의자에 앉게 하고 영사(靈査)를 해 보았다.
"혹시 일주일 전에 집에서 기르던 개를 잡아 먹은 일이 없었나요?"
"네, 그런 일이 있었습니다."
"그 개 이름이 셸리가 아니었던가요."
필자의 입에서 이 말이 떨어지자 둘러싼 구경꾼인 동료 이발사들 입에서 탄성이 나왔다.
"아니 그 개 이름을 어떻게 아셨지요?"
"그걸 모른대서야 어떻게 제령을 할 수가 있나요."
필자는 제령이 무엇임을 또 한 차례 설명을 해야만 했다.
이어서 그때 있었던 상황을 기억나는 대로 적어 보기로 하겠다.

"자아 두 눈을 감으세오. 두 손을 모으고……"
하는 필자의 말에 이발사는 그대로 순종했다.
"셸리야, 너 이 사람을 용서하고 나갈 수 없겠니?"
이발사는 분명히 머리를 저어서 싫다는 뜻을 나타냈다.
"자아 내 이야기를 잘 듣거라. 이 분은 그동안 너를 사랑해 준 주인이시다. 허지만, 남의 집에 셋방을 사는 입장인데 네가 함부로 똥과 오줌을 싸대니까 주인이 방을 비워 주든지 너를 없애든지 해달라고 해서 할 수 없이 너를 죽인 것이다. 물론 너에게 혼이 있다는 사실은 전혀 모르고 한 짓이지."

"……"

"물론, 너를 죽여서 먹기까지 했다는 것은 잘한 일이 아니다. 네가 원수를 갚겠다고 하는 것도 무리가 아닌 줄로 안다. 그러나 생각해 보려므나. 한편으로는 네가 죽는 날까지 신세를 진 것도 사실이 아니냐. 그것을 모른다고야 하지 않겠지."

이발사는 말없이 고개를 끄덕였다.

"네가 설사 복수를 해서 이 사람을 죽였다고 치자. 그렇다고 네가 다시 살아날 수 있는 것은 아니지 않느냐?"

"네가 이 사람을 용서해 주고 나가 준다면 너는 정말 장한 일을 하는 거다. 자기를 죽여서 먹기까지 한 사람을 용서한다는 것은 개로서는 도저히 할 수 없는 일이다. 아니 우리네 인간으로서도 보통 사람은 할 수 없는 일이다. 굉장히 훌륭한 사람만이 할 수 있는 일이다. 따라서 너는 다음 번에 사람으로 태어날 수 있는 원인을 만드는 것이 된다. 이 우주는 무엇이건 자기가 심은대로 거두게 되어 있다. 그것이 조물주이신 하느님께서 만드신 우주의 법칙이다. 이 법칙에서 벗어날 수 있는 이는 없다."

필자는 여기서 잠시 쉬었다가 다시 이야기를 계속했다.

"하지만 네가 끝내 복수를 할 수도 있다. 이 사람이 그럴 수 있는 원인을 만들었기 때문이지. 그러나 네가 죽기 전까지 은혜를 입은 것도 사실이기 때문에 너는 아마 돼지로서 태어나게 되기가 쉬울 게다. 돼지가 되느냐, 사람이 되느냐는 이제부터 네가 하기에 달려 있다. 나는 두 가지 길이 있음을 가르쳐 줄 수 있을 뿐, 선택은 네가 해야 된다."

셸리의 영혼은 자기를 죽인 이발사를 용서하고 그의 몸에서 떠나겠다고 했다.

그의 눈에서 한 줄기 눈물이 흘러내렸다.

필자는 격식대로 제령을 시켰다.

"자아 두 눈을 뜨십시오. 그리고 귀를 기울이세요. 자동차 소리가 들리죠. 기분이 어떻습니까?"

"아무렇지도 않은데요. 감쪽같이 좋아졌는데요. 이제는 차 소리를 들어도 달려 나가고 싶지가 않은데요."

그렇게 완고하던 설사병도 이날을 고비로 멎었다고 했다.

필자의 이야기에 의심을 느끼시는 분은 언제라도 좋으니까 '덕원이용원'에 가서 문의해 보시기 바란다.

2. 외출 공포증에 떠는 어느 시인의 이야기

　지금도 어느 종교단체에서 발행하는 잡지에서 편집을 맡고 있는 중견 시인——그의 이름을 적으면 문학에 다소 관심 있는 독자면 알만한 분이다.
　그는 얼른 보기에도 6척 장신의 늠름한 체구를 지닌 대장부다. 그런데 이런 그가 바깥 출입을 혼자 하지 못하게 되었다.
　일종의 피해망상증이라고 할까, 길거리에 나가면 꼭 무슨 사고를 당할 것과 같은 강박관념 때문에 그는 통 혼자서는 외출을 하지 못했었다고 한다.
　이 때문에 어떤 일간신문사의 논설위원 자리도 내어 놓았고, 정신병원에서 입원치료도 받았으나 그 결과는 한결같이 좋지가 못했었다.
　그러다가 기독교 계통의 어느 신흥종교 단체(新興宗敎團體)에 들어간 뒤로, 한때 거의 완치 상태에 이르렀으나 요즘에 와서 다시 재발되는 느낌이어서 괴롭다고 했다.
　필자와는 아내의 친정 쪽으로 친척이 되는 터라 알게 되었던 것이었다. 필자는 아무래도 어떤 영혼이 빙의된 것 같다고 말하고 영사를 해도 좋겠느냐고 물었다. 이 자리에는 필자의 아내와 시인의 부인도 합석을 했었다. 다음은 그와의 일문일답이다.
"이런 피해망상증이 생긴 지가 몇 년이나 되었습니까?"
"한 10여 년 가량 되나 봅니다."
"그때, 혹시 집에서 기르던 개가 행방불명이 된 일이 없었나요?"
"네, 개 한 마리가 갑자기 없어진 일이 있습니다."
"그 개의 이름이 혹시 스카이가 아니었던가요?"
"맞습니다. 그 개의 이름이 분명히 스카이였습니다."
"스카이는 골목 바깥으로 쏜살같이 달려나가다가 지프차에 치어 죽은 것이었습니다. 개는 운전수가 차에 싣고 가 버렸지요."
"아, 그래서 행방불명이 되어 버린 것이로군요."
"그런데 문제는 여기에 있습니다. 스카이는 차에 친 순간, 죽으면서 그 영혼은 육체에서 빠져 나와 선생님에게 달려와 실린 것입니다. 스카이는 지금도 자기가 죽었다는 사실을 모르고 있습니다. 그때 놀란 것이 원인이 되어 외출공포증에 걸린 상태입니다. 이것은 기생된 영혼이 느끼는 감정이 투사(投射)된 예입니다."
"알겠습니다."
"스카이의 영이 기생하는 바람에 선생님은 노이로제를 앓게 되고, 그 병을 고치려는 노력이 종교에 귀의(歸依)하게 해 주었습니다. 그러니까 스카이는 병도 안겨다 주었지만 또한 믿음도 갖게 하는 기회도 마련해 준 셈입니다."

필자는 환자의 승낙을 받아 스카이를 이탈시키려고 했으나 주인과 한 몸이 된 생활을 오래 한 개는 좀처럼 이탈을 하려고 하지 않았다.

스카이에게서 들려오는 소리 없는 소리는 필자에게 이런

요구를 해 왔던 것이었다.

"안선생님이 주선하셔서 저를 주인 어른의 자손의 한 사람으로 태어나게 해 주십시오. 그러면 기꺼이 이탈을 하겠습니다."

필자는 물론 이 뜻을 환자에게 전했으나 동물의 영혼을 인간으로 재생시킨다는데 그는 강한 거부반응을 일으켰다.

결국 제령을 성공시키지 못하고 말았다.

그러나 필자가 영사할 때, 환자의 몸에서 강렬하게 발산하는 개의 체취는 여간 인상적인 것이 아니었다.

이 예는 제령이 억지로 되지 않는다는 것, 기생당한 사람의 가족의 일원으로 태어나기를 원할 때는 본인은 물론이오, 보호령의 승낙없이는 불가능하다는 것을 필자에게 뼈저리게 깨닫게 해준 경우이다.

3. 돼지새끼를 먹은 간질병 환자

지난 해 여름이었다고 기억된다.

한 젊은 부부가 필자를 찾아왔다. 남편은 몇년 전부터 간질을 앓게 되었는데 이상하게도 밤에 자다가 발작을 일으키곤 한다는 이야기였다.

자다가 발작을 한 뒤, 아침이면 머리가 몹시 아프고 기운이 탈진해서 그날 하루는 아무런 일도 하지 못한다고 했다.

다른 데는 아무 이상이 없는 똑똑한 젊은이가 이 질병때문에 직장생활도 하지 못하고 집에서 놀고 있으므로 부인의 행상으로 생활을 해나가고 있노라고 했다.

밤에만 앓는 병, 틀림없는 빙의령(憑依靈)에 의한 질병이라고 생각되었다.

영사를 해보았더니 돼지새끼의 영이 기생하고 있는 것으로 밝혀졌다.

"혹시 이 병을 앓게 되기 이전에 돼지 새끼를 먹은 일이 없습니까?"

"네, 그런 일이 있습니다. 제가 결혼한 뒤, 몸이 허약하다고 처가집에서 갓 태어난 돼지새끼를 죽여서 통채로 삶아 보내온 일이 있었습니다."

"그러니까 어미 몸에서 나오자마자 젖 한 모금 먹기도 전에 죽인 것이로군요."

"네, 그런 모양입니다."

"그 돼지새끼가 기생하고 있습니다. 두 분 아기가 몇명인 가요."

"세명인데요."

"그러시다면 아기 하나만 더 낳도록 하세요. 제령을 시켜 드릴 테니까요."

"그러니까 남편이 먹은 돼지새끼의 영혼이 저희들 자식으로 태어난다는 이야기인가요?"

"그렇습니다. 사람의 영혼 같으면 잘 타일러서 보호령의 인도 아래 유계(幽界)로 보내기가 쉽습니다만 동물의 영혼, 원한을 가진 동물의 영혼은 그렇게 하는 게 제일 쉽습니다."

그들 부부는 필자의 부탁을 받아 들이기로 합의했다.

제령을 하고 체질개선을 하기 위해 며칠 동안 다니더니, 그 뒤 소식이 없다.

병이 좀 차도가 있다는 이야기를 듣기는 했으나 필자로서는 완쾌되었다는 것을 끝내 확인하지 못하고 말았다.

4. 기르던 개의 영(靈)에게 물리다

남편의 바람기

'남의 사랑을 훼방하는 놈은 개에게 물려서 죽는다'는 옛부터 내려오는 속담도 있다. 여기에 소개하는 것은 개의 사랑을 훼방한 사람에게 개의 영이 기생했다는 이상한 이야기이다.

어느 날씨 좋은 날, 그 푸른 하늘과는 반대로 재빛 구름을 연상케 하는 중년의 여성이 도장(道場)을 찾아왔다. 도사가 차를 권했으나 그녀는 그럴 생각은 전혀 없는 듯, 이마를 잔뜩 찌푸리며 다음과 같은 이야기를 시작했다.

"저는 15년 전에 지금의 남편과 결혼하여 1남 1녀를 얻었습니다. 아무 장해도 받지 않고 날마다 즐겁게 지냈습니다만 3개월 전부터 주인의 외박이 시작됐습니다. 분하기도 하고 억울하기도 하여 가슴이 메어지는 듯한 나날을 보내고 있습니다. 상대가 누군지 대략 짐작은 합니다만, 이렇다고 할 증거도 없고 누구와 의논하려 해도 적당한 사람도 없어 부끄러운 생각뿐입니다. 곤경에 빠졌을 때에 하느님을 의지하고 싶은 심정이라고 하면 속이 빤히 들여다보이는 것이지만, 어떻게든 주인이 마음을 돌려 그 여자와의 관계를 끊어주었으면

하는 기대를 가지고 이곳을 찾아 온 것입니다."

하고 눈물을 흘리며 이야기하는 것이었다.

곧, 시술을 시작했다. 시술을 받고 있는 그녀에게서 영동(靈動)이 나타났으나, 그날은 영사를 하지 않고 다음 날에 시작했다. 그러자 부령(浮靈)된 영은 바로 그 집에서 7년 동안이나 키웠다는 암캐의 영(靈)이었던 것이다.

"이 사람 집에서 살 때, 몹시 치미는 욕정(자손을 남길 필요성)에 따르려는 나(개)의 마음도 모르고, 아이(새끼)가 생기면 뒷치닥거리가 귀찮다는 생각으로 몰려드는 남성(수캐)들을 무자비하게 물을 끼얹어 쫓아 버리고 끝내는 나를 집 안에 가두어서 하늘이 주신 화합(和合)할 수 있는 좋은 기회를 단 한 번만이라도 갖게 해달라고 짖고 물어뜯었으나 좀처럼 나의 소원은 이루어지지 않았으므로 병(상사병)으로 시름시름 앓다가 그만 이승을 등지고 영계(靈界)로 돌아갔습니다. 하지만 이곳에서도 마음대로 되지 않아 분하고 억울한 생각이 치밀어 올라와서 이 원을 풀어보려는 심통으로 나쁜 짓인줄은 꿈에도 모르고, 사람(부인)의 육신으로 들어가 은근히 공작을 하여 진실한 주인을 유혹해 외박을 시켜서 화합을 못하게 했습니다. 그리고 사랑과 화합의 중요성(重要性)과 어떠한 사람에게나 정이 있다는 것을 계속 알려주어도, 자신의 행동을 반성하기는 커녕 오로지 그리운 분이여, 내게로 돌아와 주세요, 하고 바랄 따름이었습니다. 개인 내가 너무나 뻔뻔스럽다고 할지 모르나 이 사람(부인)에게 말해 주십시오."

이상이 비참한 모습으로 쉬지 않고 말하는 개의 의견이었다.

"그런 꼴을 당한다는 것도 당신에게 그만한 죄값이 있었기 때문입니다. 앞으로 그것을 깨닫고 사람을 원망하지 않으며, 영계(靈界)에서 수업을 열심히 쌓으면 이 다음에 반드시 용서를 받을 것입니다. 더구나 이 사람에게 7년 동안이나 신세를 진 은혜를 잊지 말고 속히 영계로 돌아가 수업을 쌓도록 하십시오."

이렇게 도사가 훈계하자 개의 영은 가슴에 맺힌 한이 풀어진 듯 후련해져서 영계로 돌아간 것이다.

"덕분에 남편이 돌아왔고, 더구나 모든 오해가 풀려서 가슴이 후련해졌습니다."

하고 다음 날, 부인은 방글방글 웃는 얼굴로 나타나서 기쁨의 눈물을 흘리는 것이었다. '지렁이도 밟으면 꿈틀거린다'는 속담도 있듯이 온갖 생물, 온갖 영(靈)에 대해 사랑과 진심으로 대해야만 된다는 것을 뼈아프게 느끼게 한 실례였다.

5. 공기총으로 쏜 고양이

두 다리가 움직이지 않는다

옛날부터 고양이에 얽힌 괴상한 이야기는 많다. 그 중에는 연극 속에 등장하여 유명해진 것도 있다. '나베시마의 고양이 소동' 따위는 특히 일반에게 알려져 있고, 그 밖에도 '아리마(有馬) 고양이 소동' '오까자끼(岡崎) 고양이 소동' 따위가 있다. 이들 고양이 소동의 사실(史實)이 어떤 것인지, 정말 현실적으로 고양이의 망령이 어떤 역할을 한 것인지는 아직 조사해 본 일이 없으므로 확실하게는 알 수 없다.

하지만, 도장에서 제령한 실례 가운데에는 조상의 영이 집안을 염려하는 집착심에서 고양이로 전생(轉生)하여 그것이 또한 여러 가지 영장(靈障) 현상을 나타내는 경우를 흔히 볼 수 있다.

따라서 옛날의 고양이 소동 같은 것도 단순한 상상에서 빚어진 일이 아니라 현실적으로 조상이 고양이로 전생(轉生)되어 작용하고 있었다는 일은 오늘날의 심령과학에서도 긍정할 수 있는 일인 것이다.

이곳에 소개하는 고양이 소동은 유감스럽다고나 할까, 다행이라고나 할까, 이같은 역사상에 있었던 소동 만큼은 대단

한 일이 아니다. 하지만 고양이의 집념이라는 것은 이 이야기에서도 이해할 수 있다. 이 영장(靈障)을 당한 사람에게는 결코 작은 사건이 아니지만······.

큐우슈(九州) 고꾸라(小倉) 시에서 건설회사의 트럭 운전사로 있던 이와나가 다께아끼(岩永武明)씨는 어느 날 갑자기 아무런 마음에 집히는 원인도 없이 왼쪽 다리의 아키레스건이 아프기 시작했다.

땅에 발을 디디면, 머리 끝까지 울리는 듯한 심한 통증을 느끼는 것이었다. 이같은 고통으로서는 직장에 충실할 수 없었다. 하지만 일손이 부족한 때인 만큼, 회사 측에서는 운전만 하고 다른 일은 하지 않아도 좋으니까 그대로 일을 계속해 달라고 부탁하는 것이었다.

회사 쪽의 요구대로 이와나가씨는 괴로운 것을 참으면서 운전을 계속했다.

그렇게 1개월 반 쯤 지났을 무렵이었을까? 이번에는 오른쪽 아키레스건도 마찬가지로 아파 오기 시작했다. 한쪽 다리만 아프다면 괜찮겠지만 두 다리가 모두 땅을 디딜 수 없는 상태여서 도저히 운전을 할 수가 없었다. 회사의 허락을 얻은 이와나가씨는 고꾸라시(小倉市)의 나까이 병원의 정형외과를 찾아갔다.

1986년 5월 중순이었다.

병원에서는 여러 모로 조사한 결과 아키레스건의 염증이라고 진단을 내리고 주사를 놓고 찜질도 했다. 하지만 경과는 좀처럼 좋아지지 않았다.

믿을 수 없게 된 이와나가씨는, 시내의 다른 병원에도 가 보았다. 역시 비슷한 진단이 내려졌고, 치료방법도 마찬가지였다.

서너 곳의 병원을 돌아다녀본 결과, 아무 효과도 없다는 것을 알자, 낙심한 이와나가씨는 8월 말경 아예 단념해 버리고 나가자끼(長崎)의 자택으로 돌아와 버렸다.

병원에서 효과가 없다면 종교적인 방법이라도 의지할 수밖에 없다고 생각한 그는 인편으로 알아보고, 부인은 이곳저곳의 기도사(祈禱師)를 찾아다녔다.

너덧집이나 기도사를 찾아다녔는데, 어디서나 '조상을 봉양하는 정성이 부족하다. 자기 잘못을 반성해야 된다'라고 하면서 비슷한 말만 하는 것이었다.

듣고 보니 분명히 그런 경향이 있었고 조상에 대한 관심은 새삼스럽게 생각해 본 일도 없었던 것이다. 부인은 다만 돌아가신 조상을 모시고 밥과 숭늉을 이따금 바쳤을 뿐 특별한 일은 하지 않았었다.

하지만, 어느 기도사나 조상에 대해 공양을 잘 하라고 말할 뿐, 위패(位牌)나 제단의 필요성이나 매일 매일의 올바른 공양방법에 대해서는 가르쳐 주지 않았다.

이와나가씨는 기도사의 말대로 조상에 대해 반성하는 마음을 표했었으나 아무런 변화도 나타나지 않았다.〔후에 도장에 오게 된 이와나가씨는 비로소 올바른 제사 방법을 배웠고, 과거장(過去帳)으로는 조상의 영이 가까이 할 수 없으므로 식사도 할 수 없다는 것을 알았다〕.

그 기도사 가운데는 '조상 이외에도 어떤 인연이 있다'고 말하는 사람도 있었다. 하지만 무슨 뜻인지 도대체 알 수 없었으며 그것을 해소시키는 어떤 방법도 없었다.

기도원을 찾아다녀도 좀처럼 효과가 없음을 알자, '역시 병원으로 가는 수 밖에 도리가 없겠군'하고 이번에는 근처에 있는 고요야기(香燒) 병원에 입원했다. 그곳에서도 아키레스건(腱)에 염증이 생겼다는 똑같은 진단이 내려졌다.

4개월 동안 입원했으나 그날 그날의 치료는 적당히 넘어가고 특별한 치료는 아무 것도 해주지 않는 것이었다.

마침내 자진해서 기브스를 해 달라고 부탁을 했다. 의사는 만족하게 대답하지도 않은채 마지못해 기브스를 해 주는 것이었다.

한 달 가량 기브스를 했다. 하지만 결과는 마찬가지였다. 오히려 차츰 상태가 이상해지더니 척추가 지근지근 쑤시기 시작했다. 의사에게 그 말을 하였더니 오랫동안 누워 있기만 해서 그렇다고 하면서 심각하게 생각하지도 않았다. 그러나 실제로 등이 아파 고통에 시달리고 있는 이와나가씨에겐 의사의 아무렇게나 던지는 말이 납득되지 않아 참지 못하고 병원에서 뛰쳐나왔다.

낮잠을 자고 있던 고양이

근처의 병원에서 퇴원한 이와나가씨는 다음으로, 나가자끼 의과대학 부속병원의 외래환자 진찰실을 찾아가서 정형외과의 진찰을 받았다. 역시 염증이라는 진단이 내렸으며 척추가 아프다고 하였더니 입원해서 검사해 보자고 했다.

정형외과에 입원한 후, 척추액을 채취하여 조사하고 다시 내과에서 근전도(筋電圖)를 찍고 검사를 받았다.

그 결과 이와나가씨의 병명은 '진행성근육위축증(進行性筋肉萎縮症)'이라는 것이었다. 근육이 차츰 오그라드는 병이라는 말을 듣고 이와나가씨는 몹시 실망해 살고 싶은 생각이라고는 조금도 없었다고 한다.

"어차피 죽는 거라면 집에 돌아가 안방에서 죽고 싶다."

이렇게까지 생각하게 되었던 것이다.

그러는 동안에 이번에는 근육의 일부를 잘라서 조직 검사를 하게 되었다. 그런데 조사결과 근육에는 이상이 없다는 것을 알게 되었다.

이렇게 되면 정형외과에서는 근전도를 잘못 판단한 것이 아니냐는 것이 되기 때문에 결국은 처음에 내린 진단대로 '아키레스건(腱)의 염증'으로 되돌아 갔다. 그리고 앞으로는 퇴원한 후 통원치료 하라는 것이었다.

이와나가씨는 병원이라는 것이 겉보기와는 달리 믿을 수 없었다는 데 놀랐다. 근전도에 의하면 근육 위축이 틀림없다고 하였고, 근육의 조직검사로는 이상이 없다고 판단되었다.

더구나 그와 같은 진단이 내려진 것과는 관계없이 자신의 몸은 전체가 굳어진 것처럼 지근지근 쑤시고 가슴이 조여들면서 숨이 가빴다. 다리도 땡겨서 아프기만 했다.

어떻게 된 영문인지 정확히 알수도 없고 병원에서도 고칠 수 없었으므로 할 수 없이 자택으로 돌아온 이와나가씨는 고통스러운 나날을 보내고 있었다.

그러던 어느 날, 하마구찌씨라는 아는 분에게서 마히까리(眞光)의 수장요법(手掌療法)에 대해 설명을 들었다. 기도원에 다닌 일에 신물이 났던 이와나가씨였으나, 하마구찌씨의 이야기에 진실성이 있었고, 그 밖에는 이제 의지할 곳도 없었으므로 1967년 12월 5일, 그는 나가자끼 도장을 찾아갔다.

작년 5월부터 다리가 아프기 시작한 후, 고통과 불안감에 시달린 뒤로 실로 1년 반만의 일이었다.

도장에서 도사로부터 마히까리의 수장요법 시술을 받자, 이와나가씨의 합장한 두 손 끝이 차츰 오그라들기 시작했다.

손목에서부터 끝을 꼬부린 모양은 바로 손짓하는 고양이의 손과 흡사했다. 도사가 영사(靈査)를 했지만, 영은 묵묵히 말이 없고 대답을 하지 않았다. 영사를 마친 뒤 도사는,
"아무래도 고양이의 영인 것 같습니다만, 무슨 마음에 짚이는 것이 없습니까?"
라고 묻는 것이었다. 질문을 받은 이와나가씨는 깜짝 놀랐다. 무엇인가 기생하고 있는 줄은 알았지만, 설마 고양이의 영이 기생했으리라고는 생각하지 않았다.
듣고 보니 틀림없이, 이미 잊어 버리고 있었으나 고양이를 죽인 일이 있었다. 9년 쯤 전의 일이었다. 공기총(空氣銃)을 가지고 있는 친구와 함께 새를 잡으러 나간 일이 있었다.
이곳 저곳을 찾아다녔으나 새의 그림자도 전혀 찾아볼 수 없었고 무심히 보니까 가까운 곳에 있는 공장 지붕 위에서 고양이 한 마리가 낮잠을 자고 있었다.
무엇이고 쏘고 싶어서 몸이 근질거리던 이와나가씨는 그 고양이를 향해 방아쇠를 당겼다. 고양이는 펄쩍 뛰어 오르고는 모습을 찾아볼 수 없었다.
도망쳤나 하고 공장 건너 쪽으로 돌아가 보니 고양이는 한 길 위에 떨어져 죽어 있었다.
"아주 죽었나?"
하고 발 끝으로 차보니까 꿈틀거리는 것이었다. 기겁을 하여 목덜미를 잡고 힘껏 던졌더니 가까이에 싸여 있던 벽돌 위에 떨어졌다.
벽돌 위에 축 늘어져 있었으므로 이미 죽은 줄 알았으나 또한 어쩐지 마음이 차분해지지 않았다.
그래서 새끼줄을 고양이 목에 걸고 3, 4백미터 앞의 해변 가까지 질질 끌고 가서 바다에 던지고 말았다.

이와나가씨의 두 다리가 땡기듯이 아프고 척추가 푹푹 쑤시는 증상은 고양이가 공기총을 맞고 단말마의 고통을 당했을 때를 재현시킨 것 같았다.

이와나가씨에게서 그때의 이야기를 들은 도사는 다음 번 영사를 했을 때 영(靈)에게 그 일을 확인해 보았다. 빙의된 영은 말이나 글씨로 대답하지 않고 넌즈시 머리를 가로 세로 저어서 의사표시를 하는 것이었다.

"당신은 살해당한 고양이의 영이죠?"

하는 질문에, 영은 고통과 분함이 섞인 표정을 지으며 고개를 끄덕였다.

"원망하고 있습니까?"

하고 묻자, 크게 고개를 끄덕이고,

"용서해 줄 수 없습니까?"

하고 타이르자, 그럴 수 없다는 듯이 머리를 가로 젓는 것이었다.

이와나가씨는 자기가 범한 죄가 큰 데 대하여 새삼스럽게 몸서리쳐지는 것은 어쩔 수 없었다. 살해당한 고양이의 원한이 보통이 아니라는 것을 깨달음과 동시에 쉽게는 이탈(離脫)하지 않으리라는 생각이 들었다.

이와나가씨는 한시 바삐 자기 자신과 함께 빙의된 영도 정화되기를 원해 매일같이 도장에 다니면서 수장요법 시술을 받고 자신도 시술을 할 수 있게 되었다. 그런 이와나가씨의 소원과 노력은 차츰 결실를 맺게 되어 척추의 아픔은 어느덧 감소되고 두 다리의 심한 통증도 3개월 쯤 지나자 완전히 없어졌으며 보통 사람과 같이 걸을 수 있게 되었다.

6. 죽은 말의 환송

병원에서 수술을 선고받다

아오모리껭(青森縣) 히로자끼시(弘前市)에 살고 있는 기도(木戶)씨에게 어느 날 한 사람의 중년 부인이 찾아왔다. 그 여성은 기도씨가 특수한 시술로 인명을 구하고 있다는 말을 듣고 찾아온 것이다.

여성의 이름은 사이또오 쓰야(齊艷·가명) 여사라고 하는데, 남편은 목수이며, 열살 된 아이를 비롯하여 네 아이의 어머니였다.

쓰야 여사의 친정은 농촌이어서, 지방의 관습에 의하면 농가로 출가하는 게 통례였으나 어려서부터 몸이 약한 탓에 아내로서 노동력이 적게 드는 목수 직업을 가진 남편을 택했다는 것이다.

그런 형편이었으므로 평상시에도 병객이었으나 최근에는 특히 몸이 더 쇠약해져서 일어나 있을 수도 없는 상태였다.

그래서 히로자끼대학 의학부 부속병원에서 진찰을 받고 X레이 촬영을 해본 결과, 십이지장 궤양이라는 진단이 내려졌다. 사진을 보니 십이지장이 낙타의 혹처럼 부어오르고 끝에 분화구와 같은 구멍이 뚫려 있었다고 한다.

"이런 몸으로 용케도 지금까지 살아 있었군요. 곧 입원하셔야 합니다."

하고 의사가 강력히 주장했으나 남편인 사이또오씨가 구시로(釧路) 방면으로 돈벌이를 나가고 없었고, 자기 혼자서 결정할 수도 없어서 '집에 귀가해서 의논하겠습니다' 하고는 돌아왔다고 했다.

때마침 근처에 사는 사람에게서 기도씨라는 분이 수장요법으로 여러 가지 병을 고친다는 이야기를 들었다. 들은 이야기에 의하면 그 사람에게는 빙의된 영이 떠올라 와서 말을 하거나 글씨를 쓴다는 것이었다.

그와 같은 영이 기생되면 병에 걸리거나 여러 가지 재난을 당하거나 한다는 것이었다. 쓰야 여사는 무언가 마음에 짚이는 바가 있는 것 같아서 꼭 그곳을 찾아가 보고 싶었다. 까닭인즉, 그녀 자신도 영의 실재를 믿을 수밖에 없는 생생한 체험을 가진 일이 있었기 때문이었다.

쓰야 여사 일가가 지금 살고 있는 동네로 이사온 것은 몇년 전의 일이었다. 그때까지는 보다 후미진 시골에서 살고 있었다. 그 시골집이라는 것은 오랫동안 비어 있던 것을 쓰야 여사가 출가했을 때, 목수인 남편이 고쳐서 살 수 있게 만든 것이었다.

그런데 이 집은 메이지(明治) 다이쇼오(大正) 시대에 걸쳐 낙태(落胎)를 전문으로 하던 안마장이가 살고 있던 곳이었고, 안마장이가 죽은 뒤로는 아무도 거주하는 사람이 없어 빈집이었다.

신혼생활을 이 집에서 시작한 쓰야 여사는 곧, 잇단 무서운 현상에 시달리게 되었다. 밤중이 되면 바람이 전혀 없는데도 장지문이 덜컹거리며 움직이고 문이 열리는 소리가 들려오는 것이었다.

 어떤 때는 자고 있는 얼굴을 무엇이 핥는듯 하여 눈을 떠 보면 어둠 속에서 보일 까닭이 없는 아기의 얼굴이 자기 얼굴에 착 붙어 있는 모습이 보이곤 했다. 그 밖에도 이와 비슷한 이상한 현상이 여러 가지로 나타나는 것이었다.

 처음에는 밤에 제대로 잠을 이룰 수 없을 정도로 무서워 하였으나 차츰 그런 현상에도 익숙해져 몇 년 동안은 그 집에서 살았었다. 하지만 남편이 함께 있을 때는 그래도 괜찮았으나, 출장을 가고 집에 없을 때 갓 태어난 아기와 단 둘이서는 도저히 있을 수 없어 가까운 친정집에서 자곤 했었다.

 하여튼 여러가지 어려움이 많아서, 적당한 곳을 찾던 중, 지금 사는 집을 물색하게 된 것이다.

 쓰야 여사는 자기와 남편이 저 오막살이에서 밤마다 경험한 무시무시한 현상을 결코 자기들의 환각이나 환상이라고는 생각할 수 없었다.

 안마장이가 낙태시킨 수 많은 아기의 영이 편히 갈곳을 찾지 못해 여러 모로 하소연하고 있음이 분명하다고 생각한 것이다.

 그래서 기도씨가 영적인 기적을 보여 주고 있다는 말을 듣자 곧 그것을 믿을 생각이 들었던 것이다.

어머니가 약속하다

 쓰야 여사의 이야기를 처음부터 들은 기도씨가 곧 손을 뻗쳐 보자 곧 빙의령이 떠올랐다. 그 모습을 보니 고개를 앞으로 내밀고 상하 좌우로 흔드는 것이었다.

 별로 본일이 없는 영동(靈動)을 보고 기도씨는 짐작을 할 수가 없었다. 무슨 영인가 하고 물어보았으나 대답이 없었다.

"더 이 쪽에서 알 수 있는 시늉을 해 보시오."

하고 요구했으나, 고개를 앞으로 내밀고 무엇을 먹는 시늉을 해 보였다. 그 모양을 한참 바라 본 다음에야 겨우 알 수 있어서,

"당신은 말의 영(靈)입니까?"

하고 물어보자,

"그렇소, 그렇소."

하는 듯이 고개를 크게 아래 위로 흔들어 보였다.

이어서 여러 가지 질문을 계속하는 가운데 차례로 말의 영은 말을 하게 되었다. 그의 말에 의하면 말의 영은 쓰야 여사의 친정에서 40년 전에 기르고 있던 말이었다는 것이다.

병에 걸렸으나 의사에게도 보이지 않고 약도 먹이지 않고 아무런 치료도 받지 못한 채 2, 3일 사이에 죽었다는 것이었다. 원망하고 있는 것은 아니지만 자기는 구원을 받고 있지 않으므로 그것이 억울해서 이 쓰야 여사에게 기생하였다는 것이었다.

그래서 기도씨는 영의 하소연을 들어준 다음, 유계(幽界)의 법칙을 여러 모로 설명하고 빨리 이탈하도록 권했으나, 영은 솔직히 납득하려고 하지 않는 것이었다. 도대체 어떻게 하면 납득이 되어 이탈할 수 있고, 소원이 무엇이냐고 물어보자,

"나무의 목상(木像)이나 석상(石像)이라도 좋으니 마을 어귀의 마두관음당(馬頭觀音堂)에 봉납(奉納)해 주기 바란다."

고 하는 것이었다.

"목상이나 석상은 돈이 너무 많이 드니까 그림으로 안되겠습니까?"
하고 묻자,
"그림으로는 안된다."
고 대답하는 것이었다.
 일단 영을 위로한 다음, 이 이야기가 사실인지 아닌지를 확인하기 위하여 마을에서 10킬로나 떨어져 있는 친정집 어머니에게 연락하여 와 달라고 했다. 물론, 이야기의 내용은 쓰야 여사가 태어나기 몇 년 전의 일인 것이다.
 쓰야 여사와 같이 온 어머니의 이야기에 의하면, 40년 쯤 전에 기르던 말이 죽은 일이 확실하다는 것이었다.
 그래서 어머니에게 곁에 있어 달라고 부탁하고 다시금 시술을 하자, 전 번과 똑같이 부령(浮靈)한 말의 영은 질문에 대하여 똑같은 대답을 되풀이 했다. 처음부터 자세히 보고들은 어머니는,
 "분명히 영이 말한 일은 사실과 같습니다. 불쌍하니까 말의 석상은 제가 봉납하도록 하겠습니다."
하고 약속하자, 말의 영에게 기생된 쓰야 여사의 표정은 자못 오랜 동안의 희망이 이루워졌다는 듯이 기쁜 빛을 띠웠다. 그리고 앉아 있더니 벌떡 일어나서 두 손을 뻗히고 몇 번씩이나 하늘을 허우적거리는 것이었다.
 그것은 마치 기쁨을 나타내려고 꽃꽃이 서서 앞발로 긁는 시늉을 하는 말의 형상과 흡사했다.
 기도씨는 쓰야 여사의 어머니가 약속한 말을 다시금 들려주고 한시라도 빨리 이탈하라고 타이르자 말의 영은,
 "이제 유감스러운 일은 조금도 없오. 약속을 지켜 주기 바라오. 그 대신 감사하는 뜻으로 쓰야 여사의 어머니를 집까

지 배웅하여 드리겠습니다."

이렇게 말한 뒤 이탈한 것이었다.

몸이 극도로 쇠약하고 숨이 넘어갈 것 같던 쓰야 여사는 이때를 고비로 하여 다른 사람처럼 건강이 회복되었다.

2, 3일 뒤, 기도씨가 볼 일이 있어 거리를 거닐고 있으려니까 리어카를 끌고 걸어가는 쓰야 여사를 만나서 하도 놀란 나머지 갑자기 '그렇게 무리를 하면 안됩니다. 시술도 더 받아야 합니다' 하고 타이르고 1주일 가량 시술을 받게 한 뒤,

"다시 한번 대학병원에 가서 렌트겐 사진을 찍어 보십시오."

하고 권했다.

그런데, 병원에서 X레이 사진을 찍어 본 결과 전번에는 분명히 찍혀 있던 낙타의 혹 같은 그림자가 없어졌을 뿐만 아니라, 분화구 모양도 보이지 않게 되었다. 이 현상에 병원에서도 깜짝 놀라서,

"도대체 이게 어찌된 일까?"

하고 아무래도 이해할 수 없다는 듯한 표정을 짓고 있었다는 것이다.

물론 쓰야 여사에게 빙의되어 있던 말의 영이 그와 같은 현상을 보여 주었던 것 뿐이니까, 영이 이탈하는 것과 함께 흔적도 없어진 것이었다.

그런데 이 이야기에는 실로 유머러스한 다음과 같은 후일담까지 전해지고 있다.

까닭인 즉, 말의 영이 이탈하기 전에 쓰야 여사의 어머니를 집에까지 배웅하겠다고 말한 일이다.

이 말을 들었을 때, 어머니는 말할 것도 없고 쓰야 여사도 도대체 무슨 일인지 까닭을 알 수 없었다. 그런데 집으로 돌

아가는 길에 그 말의 의미를 겨우 알게 되었다.

　쓰야 여사의 어머니는 이미 60세가 지나서 허리도 휘고 몸도 쇄약해져 간신히 기도씨를 찾아온 것이었다. 그런데 이상하게도 돌아가는 길은 타박타박 발이 앞으로 쑥쑥 나가며 마치 자기 다리가 아닌 것 같은 느낌이었다고 한다.

　더구나 전혀 피곤한 느낌을 몰랐다는 것이다. 말의 영이 '배웅해 드린다'고 한 것은 이를 두고 한 말인가보다 하고 생각할때, 매우 기특한 말의 영으로 느껴진다.

　사실상, 시골길을 허리가 꼬부라진 노파가 쫓기는 듯한 걸음걸이로 타박타박 걸어가는 모습과 난처해 하는 그 표정을 상상해 볼 때, 어쩐지 웃음이 절로 나오는 것이었다.

7. 씻은 듯이 좋아진 가슴앓이 병

잉어의 병

1983년 8월 하순의 아직도 한창 무더운 때의 일이었다. 어느 부인이 아는 분의 권유로 동경의 하찌오오지(八王子)에 있는 도장을 찾아왔다. 부인은,

"가슴앓이 병입니다. 병원에도 서너 군데 가 보았으나 병명이 나오지 않습니다. 의사는 늑막염도 아니도 늑간신경통(肋間神經痛)도 아니고…… 도저히 원인을 알 수 없다고 하면서 고개를 갸우뚱거리는 형편입니다."

라고 말했다.

도사가 마히까리(眞光)의 수장요법 시술을 하자 2, 3일 동안은 영동(靈動)도 적었고, 무슨 영(靈)인이지도 분명하지 않았다. 그래서 용단을 내려 빙의된 영에게 물어보았다.

"누구의 영입니까? 글씨를 쓸 수 있거든 손가락으로 써 보십시오."

그러자, 매끈한 손이 다다미 위로 내려오면서 빙의령이 '물고기(魚)'라고 쓰는 것이었다.

"바다 고기와 강물 고기가 있는데 바다의 물고기입니까?"

도사의 물음에 대하여 영은 고개를 가로 젓는 것이었다.

"그렇다면 강 물고기입니까?"

그러자 그렇다는 뜻으로 머리를 아래 위로 끄덕이며 대답하는 빙의령의 모습을 보고 문득 도사는 '잉어'를 연상했던 것이다. 그래서 영을 보고 '잉어인가?' 하고 묻자 이 영은 부인의 입을 빌어서 '그렇다'고 분명히 대답하고 고개를 끄덕이는 것이었다.

무슨 사정이 있는 것 같아서 도사는 영을 위로하는 시술을 한 뒤, 부인에게 빙의령에 대해 물어보았다.

도사 "잉어에 대하여 무슨 생각나는 일이 있습니까?"
부인 "예."
도사 "어떤 일입니까? 자세히 사정을 말해 주실 수 없습니까?"
부인 "실은 국민학교 6학년에 다니는 큰 아들이 있는데, 그 애가 지난 번에 잉어를 한 마리 가지고 왔으므로 어디서 가져온 것이냐고 묻자, 단지(團地) 아래에 있는 신궁(神宮)의 연못에서 잡아 왔다고 하길래 그것은 신령님의 잉어니까 다시 갖다 넣어 주라고 일렀습니다. 그러자 아들은 한 마리니까 괜찮겠지요, 하기에 저도 그다지 마음에 두지를 않았습니다. 그런데 그 잉어가 다음 날 죽어 버려서 저는 마당 한쪽 구석에 묻어 주었습니다. 이로부터 몇 시간이 지난 뒤였다고 생각됩니다. 저는 가슴이 몹시 아파옴을 느꼈습니다. 여러 의사선생님에게도 찾아가 보았습니다만 아픈 것이 아무래도 멎지 않아서 난처해 하던 중, 아는 분의 권고를 받아서 찾아오게 된 것입니다. 무언가 그 잉어와 관계가 있는 게 아닐까요?"

다음날 또다시 마나님은 도장(道場)에 찾아왔다. 영동(靈動)은 어제와 똑 같았다. 영계(靈界)에 있어서의 하느님의 법칙을 빙의령에게 이야기한 도사는 어떻게 하면 이 부인을 용서해 줄 수 있겠느냐고 물었다.

빙의령 "대신 다른 잉어를 신궁 연못에 넣어 준다면 떠나겠다."

도사 "그대이 소원대로 이 부인에게 실행하게 할 테니까 순순히 유계로 돌아가시오."

빙의령 "대신 잉어를 연못에 넣어 주기 전에는 싫다."

도사 "그렇다면 특별히 그대의 말대로 이 부인에게 실행시킬테니까 그대로 유계로 돌아간다는 약속을 지켜야 하오."

빙의령 "지키겠어요."

영혼과의 문답을 끝낸 도사는 부인에게 이 사실을 이야기하여 빙의령과의 약속을 즉시 실행에 옮겼던 것이다. 다음날 부인은,

"어제부터 완전히 가슴앓이의 증세가 없어졌습니다."

하고 즐겁게 이야기하는 것이었다.

그 뒤로는 완전히 영동이 없어졌고, 가슴앓이의 통증도 없어져 아주 건강해졌다고 한다. 잉어의 영은 약속대로 이탈한 것이었다.

제 4장
살아 있는 조상령들

1. 수호령(守護靈) 이야기

우리나라 속담에 '잘 되면 제 탓, 못 되면 조상탓'이라는 말이 있다.

과연 오래 전에 세상을 떠난 조상의 영혼이 우리 생활에 어떤 영향을 끼칠 수 있을까? 영혼의 존재를 믿지 않는 분들은 아마 고개를 흔들기가 쉬울 게다. 그러나 심령과학에서는 '분명히 조상의 영혼은 자손의 행복과 불행에 관계가 있다'고 말하고 있다.

사람에게는 누구나 수호령(守護靈)이 따르게 마련인데, 쉬운 예로 세상을 떠난 할아버지 영혼이 생전에 사랑하던 손자의 신변을 보호할 수 있다고 했다.

필자는 우연한 기회에 이런 경우를 몇년 전 직접 체험한 일이 있다. N지업사에 근무하는 김정일(金正日·가명)씨는 얼마 전 과음으로 장파열을 일으켜 생사(生死)의 고비를 헤맨 일이 있는 분이다. 그때 수술을 해준 의사의 이야기가 앞으로 더 살고 싶거든 금주(禁酒)를 해야 한다고 했으나, 김씨는 그의 직업상 술을 아주 끊기가 어려운 처지였다.

그런데 이 분이 구정(舊正) 명절을 며칠 앞 두고 갑자기 얼굴 반쪽에 신경마비가 일어나서 입이 한쪽으로 기울어졌다. 그래서 그는 이 증상 덕분에 그전 같으면 폭음을 하게 되는 구정 고비를 술 한방울 입에 안댄 채 무사히 넘길 수가 있었다.

며칠째 침을 맞고 있으나 이렇다 할 효과가 없다고 하면서 마스크를 떼는 김정일씨의 얼굴을 본 순간, 필자는 이상한 생각이 들었다. 이때만 해도 필자는 본격적으로 영사(靈査)를 할 줄 모르던 때였다. 필자는 일종의 방심상태에 들어가며 영감에 귀를 기울였다. 흡사 보이지 않는 세계에서 걸려온 전화를 받는 기분이었다.

폭음으로 인해 사랑하던 손자가 뜻하지 않은 참변을 당할 것을 막기 위하여, 김씨의 조부 영혼이 경락(經絡)의 일부를 막아 4차원(四次元) 에너지의 흐름을 정지시킨 데서 발생한 병이라고 진단한 필자는 그런 사실을 본인에게 알려 주고, 돌아가신 조부님에게 감사하라고 일렀다.

"이제는 정일군이 정신을 차렸으니 놓아 주셔도 됩니다. 제가 조부님의 뜻을 잘 전해주었으니까요."

필자는 소리를 내어서 정중하게 그의 조부님의 영혼에게 양해를 구했다.

"경락이 막혀 4차원 에너지의 소통이 제대로 되지 않으면 그 부위 정맥의 혈류 속도가 늦어집니다. 이렇게 되면, 피 속에 섞인 노폐물질이 혈관 주위에 침전 현상을 일으켜서 마침내는 그 부분의 모세혈관이 막히게 됩니다. 신경회로와 혈관에 이상이 생기면 영양소의 공급이 중단되고 그 부분에 마비가 오게 마련인데, 이를 빨리 바로잡지 않으면 완전마비가 되고 이어 이것은 반신불수를 일으키는 요인이 됩니다."

필자는 김정일씨에게 이렇게 설명하고 곧 지압법과 손바닥 요법을 써서 우선 막힌 경락을 뚫어주고, 막힌 혈관 가운데 마비된 쪽 코 속에 있는 모세혈관에 자극을 주었다.

얼굴은 중요한 신경이 집합된 곳이라 시술은 이틀의 시간이 필요했다.

첫날에는, 시술 뒤 검은 코피가 약간 나왔고, 이틀째는 필자의 손바닥에서 나오는 열풍(熱風)이 콧구멍으로 들어가자 마비되지 않은 쪽에는 아무 감각이 없고 마비된 왼쪽 얼굴이 후끈후끈 달아오르더니 땀이 나올 지경이 되었다.

찬 물로 얼굴을 씻게 하자, 붉은 코피가 많이 흘러 나오더니 그 자리에서 비뚜러졌던 입이 정상위치로 돌아왔다.

지압과 장풍(掌風)의 원리(原理)를 이용하여 이런 시술을 해보기는 그때가 처음이었기 때문에 혹시 선무당이 사람잡는 결과가 되지 않을까 상당히 염려를 했었는데 막상 좋은 결과를 얻으니 얼마나 다행인지 몰랐다.

필자는 이 자리를 빌어서 무엇보다도 시술에 협조를 해주신 김정일씨 조부님의 영혼에게 깊은 감사를 드리고 싶다.

2. 위암을 발생시킨 숙부의 원혼(怨魂)

 필자가 몇년 전, 도렴동에 있는 36빌딩에 사무실을 갖고 있었을 때의 일이었다.
 일본에서 생명실상(生命實相)의 철학을 주장하는 다니구찌 마사하루(谷口雅春)의 뜻을 한국에도 펴보겠다고 노력하고 계시다는 〈광명의 집〉 주인인 김현철(가명)씨라는 분이 나를 찾아온 일이 있었다.
 필자는 그때만 해도 요즘과 같이 체질개선에 대한 원리를 완전히 체계화 하지 못했던 때였다.
 여러 가지 이야기를 주고 받은 끝에 김현철씨는, 혹시 사람의 명함이나 또는 그 사람의 소지품만 가지고도 무엇인가 알 수 있겠느냐고 질문하는 것이었다.
 필자는 '어디 한번 실험을 해보십시다요.'라고 가볍게 대답했다. 이때, 김현철씨가 두 장의 명함 [또는, 이름만 적은 것이었는지는 하도 오래전 일이라 기억이 확실치 않다]을 필자 앞에 내어 놓았다.
 이 이름을 보자 마자, 필자에게는 어떤 영상이 떠올랐다.
 "이 분은 은행 사람 같은데 앓고 있군요. 위암이 아닌가 싶습니다. 지금부터 10여년 전에 부인이 계(契)를 하다가 백만원 가량 없앤 일이 있는 것 같고 그것을 숨겨오다가 결국 남편에게 들키고 말았군요. 홧병이 원인이 되어서 처음에는 체한 것같이 앓던 것이 끝내 고질이 된 것 같습니다. 그리고 또 한 분은 하반신 마비환자 같습니다. 일곱 여덟 살 때 아이들과 함께 놀다가 뱀을 죽인 일이 있거나 아니면 뱀을 죽이는 것을 보고 동정한 일이 있는 것 같습니다. 어쨌든 뱀의 영이 기생한 것만은 분명합니다."

내 말이 끝나자 김현철씨는 이렇게 이야기를 했다.

"처음에 이야기한 것은 맞았습니다. 은행원에다가 지금 위암으로 앓고 있는 것은 틀림없는 사실입니다. 그러나 환자의 부인이 돈을 없앤 일이 있는지는 모르겠습니다. 그런데 두번째 경우도 하반신마비인 것은 맞았는데 뱀을 죽였다는 것은 잘 납득이 가지 않습니다. 여자가 뱀을 죽였을 까닭이 없으니까요."

"아니 그러니까 누가 뱀을 죽였다고 잘라 말했습니까? 죽였거나 아니면 뱀을 죽이는 것을 보고 동정했거나 하기 쉬웠으리라고 하지 않았습니까. 본인에게 한 번 물어보십시오."

김현철씨는 그날 돌아가더니 다음날인가(이것 역시 기억이 분명치 않다) 며칠 뒤엔가 다시 필자를 찾아왔다.

"그래 확인해 보셨던가요?"

하는 필자의 질문에 김현철씨는 그 독특한 미소를 띄면서,

"맞았습니다. 동네 아이들이 뱀을 죽이는 현장에서 구경을 하면서 동정을 했다는군요. 사실은 제 아내올시다."

라고 이야기했다.

"오늘 좀 시간을 내 주셔야겠습니다. 위암 환자를 가서 좀 보아 주셔야겠어요."

필자는 체질개선의 원리 체계를 세우던 중이고, 한 명이라도 더 많은 임상경험을 갖기를 원하던 때라 두말할 나위가

제4장 살아있는 조상령들

없었다.

우리는 삼양동 근처에 있는 위암 환자의 집을 찾아갔다.

환자는 피골이 상접한 모습으로 누워 있었다.

얼굴에는 이미 황달 기운이 나타나 있었고 신음 소리를 내면서 몸도 가누기 어려운 것이 이미 암환자로서는 말기 증상인 것이 분명했다. 도저히 가망이 있는 것 같지 않았다.

그렇다고 여기까지 왔다가 그냥 돌아설 수도 없는 일이었다.

환자 옆에 부인이 시중을 들고 있기에 물어 보았다.

"남편의 숙부님들 가운데 절손(絶孫)한 집이 없습니까?"

"네, 있습니다만……"

하고 부인은 의아한 눈초리로 필자를 보았다.

"그 분이 바깥 양반과 같은 병을 앓지 않았습니까?"

부인은 고개만 끄덕였다.

"바깥 양반을 양자로 삼고 싶어하지 않았습니까?"

"아니, 저희 집 양반 동생이 그 댁 가통을 이었는데요."

"아닙니다. 그분은 임종하는 자리에서도 양자 문제가 자기 뜻대로 되지 않았다고 상당히 불평을 하신 것 같은데요."

그러자 환자가 입을 열었다.

"아니요, 그 선생님 말씀이 옳아요. 작은 아버지께서는 나를 양자로 삼고 싶어 하셨다오."

필자는 부인을 보고 한마디 했다.

"전생에서 댁의 어른이 그분의 아드님이었습니다. 그것도 집을 버리고 나간 아드님이었지요. 그래서 본인이 굳이 양자 삼기를 원한 것입니다. 그리고 지금 작은 아버지의 영혼이 빙의되어 있는 게 분명합니다."

필자는 제령을 하기는 했으나, 생명을 건지기에는 너무 늦었다는 이야기를 부인에게 들려 주었다.

　다만 깨닫지 못한 영혼이 되어 이런 불행이 집안에 계속되는 일만은 없으리라고 했다.

　그 얼마 뒤에, 김현철씨가 사무실에 오셨기에 환자의 안부를 물었더니 운명했노라고 말했다.

　원한을 가진 숙부의 영혼이 데려간 것이 분명했다.

　이것은 조상령(祖上靈)들이 살아 있다는 실례(實例)가 아닐 수 없다는 것을 증명하는 것이다.

3. 위장병을 앓는 형제

이것 역시 필자가 종로구 도렴동에서 연구원을 내고 있었을 때의 일이다. 하루는 한 젊은이가 필자를 찾아와서 호소를 했다. 아무리 약을 써도 차도가 없는 위장병을 앓고 있다는 것이었다.

그 원인이 무엇인지 알았으면 좋겠다는 이야기였다.

"더 악화되지도 않고 좋아지지도 않고 항상 그 모양이거든요."

"아버님이 살아 계신가요."

"아아뇨, 돌아가셨습니다."

"아버님은 생전에 제사 지내는 것을 옳다고 생각하셨죠?"

"네."

"젊은이는 교인이시군. 제사 안 지내죠?"

"네, 안 지냅니다."

"집안 형제들 가운데 젊은이 같은 환자가 또 있는데……"

"네, 저의 형님도 저와 똑같은 병을 앓고 있습니다. 아버님이 돌아가신지 1년 뒤에 걸리셨죠. 그러다가 다음 해에 저까지 앓게 된 것입니다. 원인이 무엇일까요. 병원에서는 아무 이상이 없다고 하는데 소화는 여전히 안된단 말씀입니다."

"혹시 오늘이 아버님 제삿날이 아닌가요."

젊은이는 한동안 생각에 잠겨 있더니 맞다고 하면서 몹시 신기해 하는 것이었다.

"교인이라고 해서 부모가 돌아가신 일주년이 되는 제삿날에 추념하는 기도만 해야 되고, 다른 방법은 안된다는 법이 있습니까? 젊은이도 부모의 몸을 빌어서 이 세상에 나온 것이지 공중에서 떨어졌거나 나무가지 사이에서 태어난 것은 아니지 않습니까. 살아 있는 자식들에게는 하루 세번씩 꼭 챙기고 한 끼니라도 걸르면 큰일 나는 줄 알면서 일 년에 한 번 제삿상 차려 드리는 것을 못한대서야 이야기가 됩니까?

찬물 한 그릇에 밥 한 그릇이라도 좋으니까 당장 돌아가서 간단하게라도 정성껏 제사를 지내드리도록 하세요. 돌아가신 분의 소원을 들어드리세요. 그러면 모르긴 해도 두 형제분의 원인모를 위장병은 깨끗이 치유될 것입니다."

그 뒤 이 젊은이는 다시 우리 연구원을 찾아오지 않았기에 위장병이 치유되었는지 여부는 확인하지 못했지만, 아마 틀림없이 제사를 지내게 되었으리라고 믿고 싶다.

4. 까닭 모르게 입 안이 쓴 병

김영기여사(女史)라고 하는, 병원에서 혈액 주사를 잘못 맞아서 혈청간염(血淸肝炎)이라는 병에 걸려 고생하다가 필자에게서 체질개선하는 시술을 받고 완쾌된 분이 있다.

이 김여사가 하루는 점잖게 생긴 풍체 좋은 초로(初老)에 접어든 마나님을 모시고 왔다.

아주 이상한 병이었다.

무엇이고 입 안에 음식이 들어가기만 하면 입 안이 쓰고 아린 괴상한 병을 앓고 있는 부인이었다.

"그래서 종합검사도 여러 번 받아보았습니다만 병원에서는 아무런 이상이 없다는 것이었어요. 따라서 약도 주지를 않더군요."

"그래 언제부터 앓게 되었나요."

"한 3년 가량 되는 것 같습니다."

이것은 틀림없이 빙의령(憑依靈)이나 아니면 영장(靈障)에 의한 질병이라는 생각이 들었다.

필자는 말없이 영사(靈査)를 했다.

"친정 아버님은 돌아가셨나요?"

"그러믄요."

"제사 지내시나요?"

마나님은 어찌된 영문인지 얼굴을 붉힐 뿐, 아무런 대답을 하지 못했다.

"친정에 손이 끊어졌군요. 따님만 두 분인 것 같은데요."

하니까 마나님은 체념을 한 듯 이야기를 꺼냈다.

"김여사 이야기도 선생님은 보시기만 하면 아신다고 했는데 역시 그 말이 사실이었군요. 기왕에 집어 내신 것이니까 사실대로 말씀드리죠.

저희는 형님과 저만 있을 뿐, 남자 형제가 없습니다. 그래서 아버님이 돌아가신 뒤로는 제가 제사를 지냈었는데 도중에 생활이 구차해져서 제사지내는 것을 그만두었습니다. 제가 그만둔 것 뿐만 아니라 형님한테도 앞으로는 지낼 필요가 없다고 했지요. 그랬는데 몇년이 지나자 두 사람은 다같이 언제가 제삿날이었는지를 망각해 버렸지요. 그런 뒤부터 이런 병이 생긴 것은 확실합니다. 하지만 아버님 제사 안 지내는 것과 제 병과 무슨 관계가 있지요?"

"딱하기도 하십니다. 아버님께서는 마나님을 아들같이 기르셨지요."

"그 말씀도 맞습니다. 선생님은 참 용하십니다. 그러고 보니 그런 일이 있은 뒤로 저의 집에서는 하는 일마다 되는 것이 없습니다."

"이것 보십시오. 사람은 죽었다고 아주 없어지는 게 아닙니다. 영혼은 저승에서 엄연히 살아 있습니다. 저승에 있던 영혼이 일년에 한 번 말미를 얻어서 자기 가족을 찾아오는 날이 바로 제삿날입니다. 마나님은 하루 세 끼 맛있게 식사를 하고 돌아가신 아버님 제사는 안 지내고 형님까지도 말렸다니 아버님의 영혼이 노여워하시지 않았겠나 생각해 보십시오. 밥 한 그릇, 물 한 그릇도 좋으니까 제사를 지내드리세요. 아니 어쩌면 내년이면 아버님은 다시 재생(再生)을 해서 이 세상에 태어날지도 모르겠으니 아무 날이고 정해서 한 번만이라도 좋으니까 제사를 올려드리세요. 고인께서 불교신자였다면 절에서 제를 올려드리면 더욱 좋겠구요."

"알았습니다. 가족들과 의논해서 그렇게 하도록 하겠습니다."

"그럼 마나님께서는 제 이야기를 받아들이시는 거죠?"

"네."

"자아 그럼 이 물 한 잔 들어보십시오."

필자는 진동수(振動水)를 만들어서 한 잔 권했다. 물을 마시더니 마나님은

"정말 목이 시원합니다. 입 안이 쓰지 않은데요."

하면서 여러 잔을 거퍼 마시었다.

그러나, 다음날 필자를 찾아온 마나님의 생각은 다시 달라져 있었다.

"가족들이 반대해서 안 되겠어요. 그만두었던 제사를 다시 한다는 데 대해서 모두가 반대로군요. 딸이 제사를 지내면 집안이 안 된다는군요."

"그야 아들이 있는 데도 딸이 잘 산다고 제사지내든가 하는 일은 옳지 않지만 마나님의 경우는 다르지 않습니까. 자아 그럼 이 물 마셔보세요."

마나님은 필자가 권하는 진동수를 마시더니 얼굴을 찡그린다.

입 안이 온통 쓰다는 것이었다.

"어떻게 하시겠어요. 영혼의 힘이 어떻다는 것을 아직도 못 믿으시겠나요."

"알았습니다. 어떻게든 식구들을 설득해서 제사 모시도록

하겠습니다."
 필자가 다시 물을 권하니 이번에는 달다고 했다.
 결국, 이 마나님은 이런 행동을 수없이 되풀이 한 끝에 제사를 지내고 말았다고 했다. 그 뒤 본인이 찾아오지도 않고, 소개한 김영기 여사도 아무런 이야기가 없는 것을 보면 그 괴상한 병에서 해방된 것이 아닌가 생각된다.

5. 잠을 이루지 못하는 사람들

지금 필자가 거처하는 방의 벽에는 '벽송(碧松)'이라는 서명이 든 '홍익인간(弘益人間)'이라는 족자가 걸려 있다.

이 족자를 써 주신 분에 대한 희안한 이야기 한 토막을 소개해 볼까 한다. 필자가 아직 동민문화사(東民文化社)라는 출판사를 경영하던 때의 일이다.

우리 출판사에서 펴낸 〈한국아동문학선집〉을 월부 판매하기 위해 외판원들을 모집한 일이있었다. 외판 책임자였던 정기철씨의 아이디어에 의해 국민학교 교원으로 퇴직한 분들을 모집했더니 많은 분들이 응모를 해 왔다.

이때 외판원으로 채용된 사원들을 앞에 놓고 필자는 이런 뜻의 이야기를 했다.

지금 여러분들은 교직(敎職)에서 물러나 놀고 계시는데 앞으로 체질개선을 통해서 새로운 사람이 되어 더욱 보람 있는 인생을 보내지 않겠느냐고, …그래서 우선 체질개선한 결과가 어떻게 된다는 것을 보여 주기 위하여 여러분들 가운데 상식으로 해결하기 어려운 고민이 있는 분은 서슴치 말고 이야기를 하시라. 단, 돈이 없어서 고민인 것만은 여러분의 노력으로 벌도록 하라고 했다.

필자의 이야기를 듣고 한 바탕 폭소를 터뜨리는 가운데 필자 바로 곁에 앉았던 얼굴이 바싹 여위고 새까만 S라는 분이 일어섰다.
"지금 상식으로 해결할 수 없는 고민을 해결해 주신다는 말씀이 있었는데 제가 바로 그 경우에 해당되는 것 같습니다. 저는 한 달 전에 마포 어느 동네로 이사를 왔는데 바로 그 경우에 해당되는 것 같습니다. 저는 한 달 전에 마포 어느 동네로 이사를 왔는데 그날부터 온 집안 식구가 밤에 잠을 자지 못하게 되었습니다. 식구들 모두가 꼭 도적이 드는 것 같은 불안감을 떨어 버릴 수 없습니다. 불면증 때문에 신경이 곤두선 탓으로 저는 직장에서 교장과 쓸데없는 말다툼을 해서 학교에서 나와야만 했고, 아내는 수술했던 맹장이 재발해서 하마터면 죽을 뻔한 난리를 겪어야 했습니다. 이사 온 집에 무슨 원인이 있는 것 같은데 사장님께서 해결해 주실 수 있다면 정말 고맙겠습니다."

그의 얼굴을 보니 관상에서 말하는 사상(死相)이 되어 있었다. 그날 필자는 그와 함께 마포 어느 동네에 있는 그의 셋집을 찾았다.

집은 높은 언덕 위에 자리잡고 있는 가게집이었다. 집 바로 옆에는 이름모를 무덤이 둘 있었다. S선생의 셋집을 보니 필자의 눈에는 환상(幻想)이랄까, 하여튼 이상한 풍경이 펼쳐져 보였다. 집도 마을도 사라지고 주위는 깊은 산 속으로 변해 있었다.

말탄 사냥꾼 일곱 사람이 큰 멧돼지를 몰이해 오는 장면이 보였다. 그들이 입은 옷모양으로 보아 아주 상고시대(上古時代) 사람들인 것이 분명했다. 그 중 얼굴에 수염이 많은 사람이 쏜 화살에 멧돼지는 거꾸러졌다. 멧돼지는 분명 죽은 것 같았다.

화살을 쏜 사람이 옆에 따르는 아들인듯 싶은 사람에게 멧돼지가 죽었느냐고 물었다. 질문을 받은 젊은이는 멧돼지가 죽은 게 틀림없다고 했다. 일행은 죽어 쓰러진 멧돼지 근처로 가까이 갔다.

활을 쏜 사람이 멧돼지가 죽었는지 여부를 확인하려고 말에서 내리려는 순간, 죽은 줄 알았던 멧돼지가 벌떡 일어서면서 말의 배를 치받았다. 그리고는 멧돼지는 그 자리에 쓰러져 숨을 거두었다.

말은 놀라서 곤두섰다. 다음 순간 말에서 내리려던 사람은 낙마를 했다. 낙마를 한 순간, 바위 모서리에 머리를 심하게 다쳤다. 유혈(流血)이 낭자했다.

일행이 붙들고 통곡을 하는 것을 보니 죽은 것이 분명했다. 그들은 하는 수 없이 시체를 그 자리에 묻고 지금의 철원(鐵原)쪽으로 말을 몰고 사라졌다. 죽은 사람은 그 당시 부족국가의 왕이었다. 시체를 옮겨오기 전에 지관(地官)을 불러 물어보았더니 현재 묻힌 곳이 명당 자리라고 했다. 많은 사람들이 철원 쪽에서 왔는데, 왕릉(王陵)과 같은 거창한 무덤이 만들어졌다. 이것이 지금으로부터 3,800년 쯤 전의 일이었다.

그 뒤 아주 오랜 세월이 지난 뒤였다.

고구려의 어느 왕이 말년에 이르러 자기 생전에 왕릉을 만든 일이 있었다. 그런데 어찌된 영문인지 왕의 시체를 안치할 석실(石室) 한쪽 벽의 조각이 뜻대로 되지 않았다.

왕의 지엄한 분부를 받은 석수 장이는 왕의 허가를 받아 백일기도를 올렸다. 백일 기도가 끝나던 날 밤, 석수장이는 꿈을 꾸었다.

금 상왕이 꿈에 나타나, 전생(前生)에 자기가 죽어서 묻혀 있던 무덤을 가리키면서 그곳에서 수백 년을 지내며 바라다 보던 석실에 있는 벽의 조각이 자기 마음에 드니 그것을 옮겨다 쓰도록 하라고 했다.

그 무덤은 주인도 없는 무덤이니까 아주 이번 기회에 없애 버리라는 당부도 잊지 않았다. 그 버려진 무덤이 어디 있다는 것도 자세히 일러주었음은 물론이다. 석수장이는 왕에게 자기가 꾼 이상한 꿈 이야기를 자세히 고해바쳤다.

왕의 허가가 떨어졌음을 물론이다. 그리하여 지금의 이 자리에 있던 무덤은 파헤쳐졌다. 꿈에서 본 그대로였다. 석실의 벽에 새겨진 조각들은 다시 분해되어 운반되었고 그 무덤은 그대로 버려진 무덤이 되었다. 여기에서 필자는 환상의 세계에서 다시 현실세계로 돌아왔다.

"그러니까 S선생이 세든 이 집은 그 옛날 아득한 태고시대에 왕릉이었던 셈이죠. 그리고 그때, 죽은 사람은 S선생의 전생에서의 부친이셨고 멧돼지가 그 분을 돌아가시게끔 했었다는 것을 이야기한 사람이 바로 S선생이신 것입니다."

너무나 상식으로는 헤아리기 어려운 이야기라 S씨는 두 눈을 깜빽일 뿐 필자의 이야기를 듣기만 할 뿐이었다.

"그러니까 이 집은 낮에는 집이지만, 밤이면 다시 옛날의 왕릉으로 돌아가는 것입니다. 무덤의 주인이 밤에 돌아와 보니 자기의 아들이 이곳을 차지하고 있었죠. 그가 노여워한 것은 당연한 일입니다. 아시겠어요?"

필자는 S씨에게 이렇게 이야기했다. 정성껏 먹을 갈아서 '모르고 한 일이니 용서하십시요, 조상님께 감사드립니다.' 이런 글을 써서 북쪽 벽에 붙여 놓으라고 했다.

그리고는 S씨와 그의 부인과 한손을 마주 잡게 한 뒤, 필자만이 아는 특수한 방법을 베풀었다.

"아마 모르긴 해도 오늘밤에는 편안히 주무실 수 있을 겁니다. 내일 다시 만납시다."

필자는 어리둥절해 있는 S씨 부부를 남겨 놓고 집으로 돌아오고 말았다. 다음 날 회사에 출근하니 S씨가 밝은 표정을 짓고 이미 나와 있었다.

아침 조회시간에 모두들 모인 자리에서 필자는 S씨에게 지난 밤에는 어떻게 되었느냐고 물었다.

"네, 어젯밤에는 초저녁부터 모두 잘 잤습니다. 정말 신기한 일이었습니다. 그런데 밤중 12시 쯤이었지요. 가게 터에서 자던 개가 일어나더니 우리 방 문을 자꾸 덜컹거리며 흔드는 것이었습니다. 그래 문을 열었더니 방 안을 들여다보며 벽에 걸린 글씨를 유심히 보더군요. 그리고는 다시 제 자리로 돌아갔습니다. 새벽 4시 쯤이었습니다. 개가 다시 방문을 흔들리기 문을 열어 보았더니 개는 제 자리에서 다시 잠이 들어 버렸습니다. 그 뒤로 아침까지 한 번도 깨지 않고 잘 잤습니다. 그런데 도대체 사장님께서 어떤 방법을 쓰셨길래 이런 이상한 현상이 일어난 것입니까?"

그 설명을 필자는 다음과 같이 해주었다.

"땅에서 나오는 기운과 S선생 부부와 집과 이렇게 셋을 연결했습니다. 따라서 이 집에는 전에 없던 일종의 전자(電子) 스크린 같은 것을 쳐 놓은 셈입니다. 밤이 되어 무덤의 주인이 돌아와 보니 들어갈 수가 없었습니다. 그래서 개에게 통신을 했습니다. 개가 방문을 흔든 것이 바로 그 때문입니다. S선생이 방문을 열자 스크린이 내려져 무덤의 주인은 집 안으로 들어와 벽에 써진 글씨를 보고 낮에 있었던 일을 알아차렸던 것입니다."

"그러면 새벽에 다시 한 번 개가 방문을 흔든 것은 무슨 때문이지요?"

"그야 뻔한 일이지요. 새벽이 되어 돌아가려는데 스크린이 쳐져서 나갈 수가 없었습니다. 그래서 다시 선생을 깨운 것이죠."

"사장님께서 말씀하신 이야기는 도저히 믿어 지지 않지만, 하여튼 어제밤에 처음으로 식구들이 편안히 잔 것만은 사실입니다. 잠을 잘 자고 나니 정말 살 것 같습니다. 그런데 저희가 이사 안 가고 여기서 내내 살아도 괜찮겠습니까?"

"흉가집도 지니기 탓이라는 이야기가 있습니다. 앞으로 S선생 댁에는 조상의 영혼이 새로 보호령이 되셔서 모든 일이 잘 될 것입니다. 이사갈 생각을 안 하시는 게 좋습니다. 그리고 오늘 집에 돌아가시거든 바깥 문에다가 〈붓글씨 가르칩니다〉라는 것을 써붙이십시오. 앞으로는 심심치 않게 제자가 생겨서 아마 그것으로 생활이 되실 것입니다."

이 뒤, 필자가 경영하던 동민문화사는 결국 〈아동문학선집〉 때문에 파산을 하고 말았다. S씨도 자연히 필자와 헤어지게 되었는데 하루는 긴히 할 이야기가 있다면서 필자를 찾아왔다.

"사장님 말씀대로 요즘은 저를 찾아주는 학생들에게 붓글씨를 가르쳐 주고 있습니다. 감사하다는 표시로 이 글로 써 왔습니다."

하고 내어 놓은 것이 바로 지금 필자의 방에 걸려 있는 족자이다. 벽송(碧松)이라는 아호도 필자가 지어드린 것이다.

이 이야기를 보아도 알 수 있는 일이지만, 사람의 마음에는 몇 천년 옛날로 거슬러 올라갈 수 있는 능력이 있음을 알 수 있을 뿐더러, 사람이 죽은 뒤에도 살아 있는 조상령(祖上靈)과 깊은 관련이 있음을 알 수가 있다고 생각한다.

6. 유전의 소재를 가르쳐 준 아버지의 영혼

한국에서 석유가 나올 수 있을까? 만일 나온다면 국가적으로 보아도 굉장한 경사가 아닐 수 없다. 필자의 영감에 의하면 한국에도 석유가 나올 가능성이 있다고 생각이 된다.

그런데 지난 1월 30일 저녁 독자 한 분에게서 전화가 걸려 왔다. 전화를 걸어온 분은 중구 남대문로 2가 28번지에 있는 '한보당' 이층에 있는 '그런 양복점'에서 일하는 김홍일(金弘一)이라는 분이다. 지난 1973년 4월 24일 새벽에 아주 희안한 심령현상(心靈現象)을 경험했다는 이야기였다.

전화로 대충 이야기를 들어보니, 돌아가신 아버지의 얼굴 모습이 새벽 5시 무렵에 호마이카 옷장에 고양이 같은 인상을 주는 모습으로 나타나서 아주 이상스러운 이야기를 했다고 한다.

전화로는 길게 이야기를 할 수가 없는 일이고, 이 원고의 마감을 하루 앞둔 터이라 필자는 그와 약속을 하고 외부에서 만났다. 만나서 김홍일씨에게서 들은 이야기를 적으면 다음과 같다.

김홍일씨가 심령현상을 경험한 곳은 영등포구 신도림동 923~7번지 주택이었는데 김씨는 이집에서 양복점을 경영하고 있었다고 한다.

 천안에 사는 어느 목사가 교회를 지으려고 9백만원에 계약을 한 지 15일째 되는 날이었다고 한다. 밤 2시까지 일을 하고 늦게 잠든 김홍일씨는 새벽 5시 무렵에 이상한 느낌이 들어서 잠이 깼다고 한다.

 그러자, 방 안에 놓여 있는 호마이카 장 위에 목 위 부분만 아버지의 얼굴 모습이 선명하게 비치더니 분명한 아버지의 목소리로,

 "얘, 홍일아 빨리 일어나서 거울을 보라!"

 하고 호령을 하더라는 것이었다.

 김씨는 시키는 대로 벌떡 일어나 거울을 보니 자기의 몸이 아주 비대해진 모습으로 비치더라는 것이었다(그는 그때도 지금도 여윈 몸매였다고 한다).

 "홍일아, 앞으로 너는 큰 회사의 사장이 될 수도 있지만, 지금처럼 그대로는 죄가 너무 많다. 강도질 살인보다도 더 무서운 죄는 자기 아내 아닌 남의 여자를 범하는 죄다. 나는 죽어서 태양신의 권속이 되었거니와 여자를 함부로 범한 자가 죽어서 받는 고통을 보여주리라. 그전에 다시는 그런 짓을 하지 않겠다는 것을 혈서를 써서 맹세를 해라!"

 너무나도 추상 같은 명령이라, 김홍일씨는 없는 죄가 있는 것만 같이 느껴져서, 사방을 두리번거리고 찾았으나 종이가 눈에 띄지 않아서 이 서랍 저 서랍을 뒤지다가, 마침 눈에 띈 호적등본 떼온 것 두 통 뒤에다가 손가락을 깨물어서 피를 내어 〈금녀(禁女)〉라고 썼다고 한다.

 그러자 김홍일씨는 이루 형용할 수 없는 고통을 경험했다고 한다. 여자를 희롱한 죄때문에 죽어서 그런 고통을 받아야 한다면 절대로 그런 짓은 할 수 없다고 그는 깊이 깨달았

다는 이야기다.
　아버지의 영혼은 계속해서 이야기를 했다.
　"우리나라에도 석유가 무진장 매장되어 있는 곳이 있다. 내가 그곳이 어딘지 너에게 보여 주리라."
　그러자 태양과 같이 눈부신 빛이 뻗어 땅 속을 비치는데 그곳은 기름의 바다를 이루고 있더라는 것이었다.
　꿈이나 환상(幻想)이라고 하기에는 너무나도 생생한 경험이었다고 한다.
　"내 일러두거니와 일본녀석들도 이곳에 기름이 매장되어 있는 줄 알고 있다. 그리고 내 말이 헛된 것이 아님을 밝히기 위하여 두 가지 사실을 알려 주겠다. 네가 살고 있는 이 집은 옛날에 절터였고 또 너는 김유신 장군의 후예이니라."
　이 말과 함께, 아버지의 환영은 자취도 없이 사라지고 김홍일씨는 의식을 잃고 말았다고 한다.
　김홍일씨는 그 뒤 여러 날 뒤에 의식을 되찾았는데 정신을 차려보니 모 정신병원에 입원하고 있더라고 한다.
　그 후 병원에서 퇴원한 뒤 그는 여러 가지로 알아 본 결과, 자기가 살던 집이 절터라는 것을 확인했고 자기의 본이 경주 김씨인데 증조부의 호적을 떼어보니 그곳에는 김해 김씨로 되어 있더라는 것이었다.
　김홍일씨는 시현(示現)으로 나타난 곳도 답사를 해보았는데, 관계 당국자들에게 알아보니 그곳은 이미 일제시대에 답사가 끝난 곳이라 조사 대상에도 오르고 있지 않은 곳이라고 상대도 하지 않더라는 것이었다.
　그는 청와대에도 편지를 내고 그 밖에도 가진 노력을 했으나 모두가 미친놈의 잠꼬대로만 취급하더라는 것이었다.
　필자는 그가 경험한 이야기를 그대로 세상에 알려 줄 것을 약속을 하고 헤어졌지만, 이것이 과연 김홍일씨의 아버지의 영혼이 보여준 심령현상인지 아니면 가난하게 사는 한 양복재단사의 평소 욕구불만이 빚어 낸 과대망상인지는 좀처럼 가리기 어려운 문제라고 생각된다.

만일, 어느 독지가가 나타나서 김홍일씨를 도와 그 환상을 현실로 이룩해 놓는다면 김씨 개인은 물론이오, 우리나라를 위해서 이보다 더한 경사가 없다고 생각되기에 이 글을 여기에 수록한 것이다.

제5장
전생을 본다

1. 자기 처벌의 욕망

　불교의 교리(敎理)에 의하면 사람은 몇 번이고 거듭 태어난다고 한다.
　필자는 이 윤회설을 처음에는 전혀 믿지 않았던 사람이었으나 영능력자가 된 뒤로 사람을 대할 때, 그의 전생이 하나의 그림처럼 떠오르는 경험을 너무나 많이 갖게 된 뒤로는, 더구나 그것이 이승에서의 생활과 깊은 관련이 있음을 안 뒤로는 전생이 있음을 누구보다도 굳게 믿게 된 것이다.
　자기 자신의 전생(前生)을 본 분으로서는 석가모니가 단연 세계 챔피온의 자리를 차지할 것이다. 작으만치 500번에 걸친 전생의 기록을 남기셨으니까 말이다. 필자도 다른 사람의 전생을 볼 때 덩달아서 필자 자신이 전세(前世)에서 그 사람과 어떤 관련이 있음을 여러 번 깨달은 적이 있다.
　길가에서 옷소매가 스쳐도 3세(三世)에 인연이 있다고 하신 부처님의 말씀을 필자는 체험을 통해서 믿게 된 터이기도 하다. 그럼 필자가 경험한 수 백 건의 실화(實話) 가운데 몇 가지 대표적인 것들을 간추려 소개하고자 한다.

　비가 부슬부슬 내리던 늦은 가을 저녁이었다.
　필자는 인쇄소를 경영하는 H라는 친구의 안내로 알게 된 스카라 극장 바로 뒷골목에 있는 K장(莊)이라는 곳을 찾은 일이 있었다.

K장이란 곳은 낮에는 다방, 밤이면 맥주홀을 경영하는 집이었다. 필자는 이날 우리 테이블 당번이 된 L마담을 본 순간 이상한 느낌이 들었다. 어데서 많이 본 것 같은 그러나 실제로는 과거에 단 한 번도 만난 일이 없는 여인이었다.

L마담의 얼굴을 물끄러미 지켜보는 내 눈 앞에 한 폭의 그림이 환영(幻影)처럼 떠올랐다. 필자는 이럴 때에는 이런 환영이 근거가 있는 것인지, 아닌지를 확인해 보는 야릇한 성미를 지니고 있었다. 필자는 물어보았다.

"L마담, 혹시 이런 말을 물어봐서 화를 낼지 모르겠지만 결코 나쁜 뜻은 없으니 오해를 마시오. L마담은 특이(特異)한 체질인 것 같은데요."

"특이체질이라니요?"

"멘스가 40일에 한 번씩 있지 않으시오?"

"그걸 어떻게 아시죠?"

"또한 지금 멘스 중이기도 하구요."

L마담은 얼굴을 붉힐 뿐, 아무 말이 없었다.

"따님이 한 분 있고, 남편하고는 아주 사소한 일 때문에 헤어지셨군요. 또한 지금은 외국으로 나가려고 수속중이시고, 또 한 가지 지금의 따님은 비바람치던 날 밤 공교롭게도 멘스중에 술취한 남편이 억지로……"

"그만, 그만두세요. 그렇게 말씀하시니, 이 자리에 앉아 있기가 무섭군요."

"나는 직업적인 관상가는 아닙니다. 다만 그림이 떠오르기에 도움이 될까 해서 말한 것 뿐입니다."

필자는 이어서 L마담에게 다음과 같은 이야기를 들려 주었다.

 지금부터 7백여년 전, 프랑스와 스페인의 접경 지역인 카스코뉴에 한 귀족부인이 있었다. 그녀는 병적으로 질투심이 강한 여인이었다. 남편이 부정(不貞)을 저질렀다는 사소한 문제를 이해하지 못하고, 그녀는 품에 지니고 있던 단도로 남편을 찔러 죽였다. 한 마디 변명할 기회도 주지 않고……. 그러자 곧 그것은 한낱 오해였음이 밝혀졌다.
 그녀는 땅을 치고 통곡하면서 자신을 저주했다. 몇 차례 거듭 태어날 자기는 항상 불행을 벗삼아 살아 마땅하다고 스스로를 저주한 끝에, 그녀는 남편을 죽인 칼로 자신의 하복부를 찔러 자살했다.
 강력한 '자기처벌'의 욕망은 그녀로 하여금 들어온 복을 발로 차 버리는 생활을 하게 했고 40일에 한 번 멘스가 있을 때, 그녀는 두 개의 난자를 배란하는, 그래서 그때만 임신이 가능한 특이한 체질을 타고 났다. 여자로서 자식을 잉태할 수 있는 소중한 순간이 바로 몸이 부정한 때라니, 다시 말해서 견족(犬族)과 같은 얄궂은 생리가 아닌가.
 "하지만 스스로 반성을 했을 때, 이미 하늘은 그 여인을 용서했죠. 그 뒤는 자기처벌이었죠. 그러나 이제는 그 저주에서도 해방될 때가 온 겁니다. 그래서 오늘 밤에 내가 여기 온 것인지도 모르죠."
 "안선생께서도 그때 그 현장에 계셨던가요?"
 "그렇죠. 그때, 나는 그 부인에게 검술과 승마를 가르친 선생이었는지도 모르죠. 아마 앞으로는 30일 형(型)의 정상적인 멘스를 갖게 될 것입니다."
 L마담은 그 뒤 K장을 그만두고 일본으로 갔으나, 멘스의 사이클이 바뀌었는지 여부는 끝내 확인하지 못하고 말았다.

2. 세번째 인연

 이 이야기 역시 필자가 출판사를 경영하던 때, 경험한 일이다.

 낙원극장 옆에 자리잡고 있는 L홀이라면, 술을 즐기는 사람이면 누구나 알만한 곳이다. 친구와 더불어 가볍게 한잔 나눌수도 있고, 흥이 나면 앞에 나가서 음악에 맞추어서 고고 댄스를 출수도 있다.
 필자는 본래 술을 안하는 편이지만, 출판사를 경영하다가 보니 교제상 어쩔 수 없이 이런 곳을 찾는 경우가 있었다.
 그날은 우리가 계획하고 있었던 《한국아동문학선집》에 소요되는 용지를 계약할 날이어서 영업부장과 N지업의 김정배(金正培)씨와 L홀을 찾았다.
 필자는 어쩌다 찾는 손님이라 단골 아가씨가 있을 턱이 없었다. 한참만에 키 크고 날씬하게 생긴 아가씨가 두리번거리며 우리 자리를 찾아 왔다.
 "처음 뵙겠습니다."
 하고 그 아가씨가 인사를 한 순간이었다.
 "나는 처음 뵙는 게 아닌데요. 전에도 한 번 뵈온 일이 있군요."

"그러고 보니 저도 분명 뵈온 일은 없는데 어디서 많이 뵌 것같이 낯이 익군요."

"당돌한 질문을 해서 안 됐습니다만, 몇년 전에 사랑하는 분과 헤어졌군요. 그것도 아주 영원히요."

"맞아요. 그 분은 저 세상으로 가 버렸어요. 저는 너무나 억울해요."

"처음 만났을 때, 아가씨 편에서 이유없이 그 분을 사랑하고 너무너무 좋아했던 게 아니었던가요?"

"맞았어요. 우리는 따로따로 등산을 갔다가 산 위에서 알게 되었지요. 그 뒤 8년 동안이나 두고 사귀었지요. 그러니까 처음 만난 것은 고등학교 시절이었어요."

"그래서요?"

"그 뒤 결혼을 약속하게 되었지요. 집안 어른들한테도 모두 승낙을 얻고 청첩장도 돌린 뒤였어요. 우리는 단골로 다니는 K다방에서 만나 결혼한 뒤의 일에 대해서 여러 가지 이야기를 주고 받았지요. 그때, 그 분은 저에게 일생동안 자기에게 몸과 마음이 다같이 충실할 수 있겠느냐고 물었어요. 저는 자신 있게 그렇다고 대답했어요. 그리고 저도 되물었지요. 당신도 저에게 일생 동안 충실할 수 있겠느냐고요."

"그랬더니 뭐라고 했던가요."

"그 분은 입가에 야릇한 웃음을 띠면서 이렇게 이야기했어요. 그것은 당해 봐야 안다고 말하는 것이 가장 양심적인 대답이라고요. 남자란 아내를 사랑하면서도 때로는 다른 여자와 접촉할 수도 있는 것이라고요. 저는 눈 앞이 캄캄해지는 것을 느꼈어요. 그동안 8년이나 사귄 것이 모두 허사라는 생각이 들었어요.

아내를 배신하게 될 때, 배신하더라도 이제 결혼도 하기 전에 이런 이야기를 하는 그와는 결혼할 생각이 없어져 버렸어요. 저는 그 길로 그이와 헤어졌어요. 저녁 늦게 전화가 걸려왔더군요. 자기가 잘못 말한 것을 사과하더군요.

이제 청첩장까지 돌린 마당에 파혼할 수는 없다는 것이었어요. 만나서 저녁식사라도 함께 들면서 마음을 풀자는 것이었어요. 저는 거절을 했어요. 남들에 대한 체면 때문에 자신 없는 결혼을 할 수는 없다고 했어요. 그이는 한참 설득을 하다가 알았다고 하면서 전화를 끊었어요."

"그날 밤 사고가 났군요."

"맞았어요. 선생님은 잘도 아시는군요. 그이네 집에서 밤 늦게 전화가 걸려왔어요. 자가용 피아트차를 몰고 스카이웨이를 지나다가 장마 때문에 무너진 돌더미가 떨어져 머리를 맞고 죽었다는 것이었어요. 자기네는 처음에는 둘이 다 참변을 당한 줄 알았었는데 색시는 무사하다니 다행이라면서……. 저는 그 순간 가슴이 미어지는 것 같았어요. 제가 그이를 죽였다는 생각이 들었어요. 저의 옹졸한 마음이 남의 집 귀한 아들을 죽게 했구나 느껴질 때, 저는 다시는 행복해질 수 있는 자격이 없는 여자라는 생각이 들었어요.

제가 술집에 나오게 된 것도 어쩔 수 없는 양심의 가책 때문이었어요. 제 자신에게 형벌을 주어야만 마음이 편하기 때문이죠."

아가씨는 이렇게 이야기를 끝내면서 울먹이기까지 하는 것이었다.

필자는 아가씨에게 이런 이야기를 들려주었다.

때는 원(元)나라 시대였다. 물밀듯이 유럽으로 쳐들어간 몽고군 정예부대가 지금의 필란드의 어느 고을을 점령했다.

몽고군 사령관은 부하를 시켜서 이 고을에서 제일 예쁜 처녀를 잡아오게 했다. 처녀의 이름은 잉그릿드라고 했다. 그녀에게는 목수인 한스라는 약혼자가 있었다.

잉그릿드는 자기가 약혼한 몸임을 밝히고 놓아 주기를 간청했다. 그러자 몽고군 사령관은 크게 웃으면서 그렇다면 누가 그녀를 차지할 자격이 있는지 여러 사람들이 보는 앞에서 똑같은 조건으로 한스와 결투할 것을 자청했다.

많은 몽고군 병사들이 둘러싸고 구경하는 가운데에서 사령관과 한스는 긴 동아줄의 한 쪽끝을 잡고 단검을 쥐고 결투를 시작했다. 그러나 백전노장인 사령관과의 결투는 간단하게 어이없이 끝나고 말았다.

약혼자인 한스가 피를 흘리면서 쓰러진 것을 본 순간, 잉그릿드는 자기도 모르게 외마디 비명을 지르면서 그 자리에서 기절을 하고 말았다. 누군지 얼굴에 찬 물을 끼얹는 바람에 정신을 차리니 주위에는 아무도 없고 마을의 장로(長老) 한 분이 걱정스럽게 잉그릿드의 얼굴을 들여다보고 있었다.

"잉그릿드야, 내 말을 잘 들어 다오. 너의 약혼자 한스는 죽었다. 이제 싫어도 너는 사령관의 아내가 되어야 한다. 놈들은 아주 이곳에 정착을 하고 안 떠날 모양이니 그들의 비위를 건드려서는 안 된다. 잘못하면 이 고을 사람들이 모두 학살을 면치 못할 게다."

장로(長老)의 호소에 잉그릿드는 말없이 고개만 끄덕였다. 잉그릿드는 그 뒤 사령관의 아내가 되기는 했지만 그를 사랑하지는 않았다. 몸은 하는 수 없이 남편의 것이 되었지만, 마음은 언제나 죽은 한스만을 생각하고 있었다.

처음에는 어여쁜 잉그릿드가 자기의 아내가 된 것을 좋아했던 사령관도 아내의 얼음과 같이 차가운 태도에 몹시 괴로워하게 되었다. 사령관은 자기를 사랑해 달라고 아내에게 간청을 했다. 잉그릿드는 차겁게 웃었다.

"당신은 정당한 결투를 했다고 하지만 그건 속임수였어요. 한스는 무인이 아니었단 말입니다. 그는 목수였어요. 당신은 한스를 학살한 것입니다. 제 몸을 차지했으면 되었지 더 무엇을 바라시나요."

아내를 사랑하게 된 사령관은 마음이 약해졌다. 잉그릿드의 사랑을 얻기 위해서는 무슨 어려운 일이라도 하겠다고 했다. 잉그릿드는 그렇다면 이번에야말로 목숨을 걸고 산에 들어가서 혼자의 힘으로 사나운 곰을 죽여서 그 가죽을 벗겨오라고 했다.

사령관은 아내의 사랑을 얻기 위해 산 속을 찾아 들어갔으나 눈사태를 만나 죽고 말았다. 사령관이 죽은 것을 확인한 뒤에야 잉그릿드의 마음에는 사랑이 싹텄다. 하나의 속임수가 아니오, 진정으로 그가 자기를 사랑했음을 믿을 수 있었던 때문인지도 몰랐다.

그녀는 눈 속에서 파낸 사령관의 시체를 부둥켜안고 울었다. 두 사나이를 불행하게 죽게 만든 자기의 미모가 차라리 저주스럽기까지 했다. 그러자, 몽구군 사령관을 따라다니던 점술사(占術師)가 그녀를 위로했다. 정말로 그를 사랑한다면 다음 번 세상에서 다시 그를 만날 수 있으리라고.

그런데, 재미있는 것은 이때 잉그릿드를 위로한 점술사가 필자 자신이라는 생각이 들었다는 점이다.

"그러니까 그 분이 교통사고로 죽은 것은 아가씨 잘못은 아닙니다. 앞서 세상에서 아가씨의 정당한 남편이 될 사람을 죽인 죄 때문이지요. 생각해 보십시오. 두 사람이 헤어지게 된 원인도 그 분이 그런 이야기를 했기 때문이 아니었던가요."

"그야 그렇죠."
"하지만 걱정할 것은 없습니다. 세 번째로 그 분을 다시 만날 수 있습니다. 그리고 이번에는 헤어지지 않아도 되니까요."
"그것이 어찌 가능한 일이예요. 설사 제가 다시 태어나서 그 분을 만난다고 해도 그때는 지금의 기억이 없을 테니까 아무 소용이 없는 일이 아닙니까?"
"아니 그런 뜻이 아닙니다. 보아하니 아가씨는 굳이 이런 술집에 나오지 않아도 될 만한 가정형편이지요. 양심의 가책 때문에 이를테면, 자기 자신을 벌 주기 위해서지 돈을 벌기 위해서는 아니지 않습니까?"
"그야 그렇지요."
"그렇다면 내일로서 술집 나오는 것은 그만두세요. 이런 타락된 생활에서 발을 씻으세요. 아마 모르긴 해도 앞으로 반 년 이내에 혼담이 있을 거예요. 어쩌면 외국에서 참한 색시감을 구하려고 돌아온 교포학자이기 쉬울 거예요. 키가 크고 좀 여윈 편인…… 하여튼 아가씨가 그를 보면 처음 본 사람 같지가 않을 겁니다. 그게 바로 한스의 재생된 모습이기 때문이죠."
"정말 그럴 수가 있을까요. 선생님의 이야기는 너무너무 낭만적이어서 마치 제가 소설의 주인공이 된 기분이네요."
"그런데 말입니다. 그와 결혼하면 귀여운 첫아들을 낳게 될 겁니다. 그런데 이 아기가 커짐에 따라 사고로 죽은 애인과 똑같은 모습이 될 거예요."
"어머나!"
"이성(異性)으로서 만나긴 했지만, 처음부터 출발이 좋지 않았기 때문에 뜻하지 않은 사고로 헤어질 운명이었던 것입니다. 사랑은 오직 주는 것, 어머니와 아들의 인연으로서 오래 지속되는 것이 훨씬 좋은 일이 아니겠어요."

옆에서 김정일씨는 술은 안 마시고 아가씨를 붙잡고 무슨 이야기가 그렇게 기냐고 짜증이다.

홀에서는 많은 남녀들이 어지럽게 춤을 추고 있었다.

그 뒤, 얼마가 지난 뒤였다.

그 아가씨가 아직도 나오나 알아보려고 L홀에 들렸더니 얼마 전에 그만두었다고 했다.

필자는 지금도 이름도 기억하지 못하는 그 아가씨가 내내 행복하기를 빌면서 L홀에서 나왔다.

3. 염력(念力)에 대한 이야기

 필자는 한 달이면 몇번씩 서울 시내 충무로 뒷골목에 있는 헌 책방에 들르곤 하는 버릇이 있다. 미군부대에서 흘러나온 포켓북판 공상과학 소설책을 대량으로 구입하기 위해서인 것이다.
 그날도 그런 헌 책방 한 군데서 우연히 두 젊은이를 알게 되었다. 그들은 요가에 대한 책을 구하는 사람들이었다. 그들과 요가에 대한 이야기를 나누던 끝에 어쩐지 그냥 헤어지기가 서운하여 필자는 가까운 과자집으로 그들을 안내했다.
 자리가 정해진 뒤였다.
 "안선생님, 불교에서는 길가에서 소매가 스치기만 해도 삼생의 인연이 있다고 하지 않습니까? 또 지금 자기가 어떤 환경에 처해 있든 앞서 세상에서 한 일의 결과라고 하는데 그게 사실일까요?"
 필자와 마주 앉은 젊은이가 물은 말이었다.
 "사실이기가 쉬울 거예요. 우선 가까운 예를 들어보죠. 혹시 제약회사에서 일하고 있지 않나요?"
 "그걸 어떻게 아십니까?"
 "내 질문에 대답만 하세요. 여름철에 수영을 하러 갈 경우, 살갗이 까맣게 탔다가 허물을 벗는 이가 있고 빨갛게 되었다가 다시 피부가 희게 되는이가 있는데 후자 아닌가요?"
"그것도 맞습니다."
"그리고 회사에서 전기기계나 통신기계 같은 게 고장났을 경우, 하나도 이런 기계에 대한 예비지식이 없는데도 보자마자 어디가 고장났는지 알 수 있었던 일이 없었던가요?"
"그것도 맞았는데요."
"지금 회사 일로 필라델피아로 갈 준비를 하고 있지 않은가요?"
"그것도 맞습니다. 정말 놀랬습니다. 저는 아무런 힌트도 안 드렸는데, 혹시 독심술을 쓰시는 게 아니세요?"
"아닙니다. 이제 필라델피아에 가시면 알겠지만, 시내 관광을 하다 보면 아주 낯익은 곳이 있을 거예요. 마치 오래 전에 살던 곳과 같은……."
필자는 이 젊은이에게 다음과 같은 이야기를 들려주었다.
1945년 이른 봄이었다.
동경을 폭격하고 미국 기지로 돌아가는 B29 한 대가 기관고장을 일으켜서 그만 바다에 추락한 사건이 있었다. 이 폭격기 안에는 20세 밖에 안된 젊은 통신병(通信兵) 한 사람이 타고 있었다.
그는 부모가 약학을 전공하라는 것을 마다하고 자기의 취미를 살려서 통신병이 되게 된 것을 안타깝게 후회했다. 그리고 미국인으로 태어났기에 이런 끔찍한 죽음을 당하는 것이라고 생각한 그는 아예 다음 번 세상에는 차라리 얼굴이 노오란 황색인종(黃色人種)의 한 사람이 될지언정 미국인은 되고 싶지 않다고 생각했다.
"그러고 보니 제 생일이 1945년 8월이기도 하군요."
"가령 말입니다. 이 젊은이의 죽는 순간의 간절한 소망이 이루어져서 한국인인 미스터 오가 탄생했다고 생각해 봅시다. 여기에서 우리는 세 가지 사실을 깨닫게 됩니다. 영혼에는 민족과 국가의 차별이 없다는 것, 모든 것은 자기 소망의 결과니까 그 누구를 원망할 것도 못 된다는 것, 생각한다는 것은 실행하는 것과 같다는 것, 그러니까 항상 올바른 생각만 하도록 노력해야겠죠."

"그리고 또 한 가지 있죠. 또한 사람이 죽으면 모든 게 끝장이 나는 게 아니라는 것 말입니다.——"

"그렇죠. 죽는 게 끝이 아니오, 새로운 인생을 살기 위해서 잠시 대기상태로 들어가는 것이라고 하는 게 좋겠죠."

필자는 이날 미스터 오의 친구라는 또 한 명의 젊은이에 대해서도 많은 이야기를 해 주었지만, 그는 젊은이지만 80살쯤 된 노승의 얼굴을 지녔기에 그의 전생에 대한 이야기는 좀더 색다른 것이었다.

그는 신라시대(新羅時代)에 생존했던 스님이었다. 유행병으로 많은 사람들이 죽어 가는 것을 보고, 다음 세상에는 병든 사람을 직접 살려내는 의사가 되기를 소망했기에 약학을 전공하게 된 것이라고 필자는 이야기했다. 앞으로 10년 안에 아주 놀라운 신약(新藥), 이를테면 암 같은 병을 고치는 그런 약을 발견해 낼지도 모른다는 이야기를 한 것으로 필자는 기억하고 있다.

필자의 예언이 맞아주기를 바라는 마음 간절하다.

4. 청의동자(靑衣童子) 이야기

　선친(先親)께서 돌아가시기 전에 입원하셨던 약수동 '단식요원'인 연합병원에서 필자가 경험한 이야기이다.
　필자는 이때, 한 달 가까이 어떤 때는 하루 건너, 어떤 때는 거의 매일 밤을 새우다시피 했었다.
　내 건강이 유지된 것은 아침마다 하는 요가체조 덕분이었다. 그날 저녁 필자는 입원 환자의 가족들이 기다리고 있는 대합실에 나왔다가 다섯 살 가량 되는 어린 여자애를 보았다.
　그런데 이 여자애는 얼굴을 보니 어린 아이의 얼굴이 아니었다. 깊은 신앙을 가진 노부인(老婦人)이 주는 인상 바로 그것이었다.
　"아기의 부모님들이 착실한 기독교 신자들이시군요."
　"그걸 어떻게 아십니까?"
　"그렇지 않고서야 이런 어진 따님을 두셨을리가 없죠. 이 아기는 전생에서 착실한 믿음을 가졌었고 아마 모르긴 해도 이 다음에 자라서 종교계의 큰 별이 될 것입니다."
　"참 이상한 일이군요. 방금 전에 이 병원에서 일하시는 젊은 분이 똑같은 이야기를 하셨습니다."
　필자는 그래서 이 병원에서 일한다는 젊은이를 만났다.

그는 이렇다 할 학력도 없으면서 무엇이든지 보면 느껴지는 게 많다고 했다. 필자는 그를 앞에 놓고 그의 마음의 파장(波長)과 내 마음의 파장을 일치시키고자 방심(放心)의 상태로 들어갔다.

그러자 이런 장면이 떠올랐다.

오랜 옛날 중국의 어느 작은 고을에 비천한 집에 태어난 영특한 소년이 있었다. 그는 어려서부터 너무나 고생을 많이 했다. 그래서 속세를 떠나 선인(仙人) 밑에서 공부하여 선인이 되고자 했다.

선인을 찾는 오랜 방랑생활 끝에 소년은 마침내 한 선인을 만났다. 선인은 소년에게 푸른 옷 한 벌을 주고 청의동자(靑衣童子)라고 불렀다. 선인은 소년에게 고된 일만 시킬 뿐 선인이 되는 공부는 좀처럼 시키려고 하지 않았다.

소년이 선인에게 온 지, 하루만 더 지나면 만 3년이 되는 날이었다.

선인은 소년에게 자기 서재에 들어가서는 안 된다고 이르고 어데론지 사라졌다. 그리고 저녁 때가 되도록 선인은 돌아오지 않았다.

소년은 서재로 몰래 들어가 책상 위에 펼쳐진 책을 읽었다. 팔대신통력(八大神通力)의 하나인 〈숙명통(宿命通; 사람의 전생을 아는 능력)〉의 능력을 얻는 방법이 쓰여진 대목을 읽었다.

소년은 기뻤다. 이제는 자기도 신선이 되는 첫 단계에 들어섰거니 했다. 그때 선인이 돌아오는 기척이 났다. 소년은 황급히 서재에서 나와 뒤뜰로 돌아가 숨었다. 그 순간 하늘에서 날벼락이 떨어져 소년은 선인이 되려는 꿈을 안은 채 이 세상을 떠나야만 했다.

"그때의 소년이 저였단 말씀이군요."

"그야 알 수 없죠. 내 마음에 그런 장면이 떠올랐을 뿐 그 것이 사실이라는 것을 증명할 길은 없어요. 다만 한 가지 그때의 소년이 하루만 더 참았던들 그는 당당히 선술(仙術)을 배울 수 있었을 겁니다. 끈기가 모자란 것과 도둑질 한 게 잘못이지요."

"참고 기다렸더라면 제가 이 세상에 다시 태어나지는 않았겠군요."

하고 젊은이는 무엇인가 깊이 깨달았다는 표정을 지었다.

5. 전생의 인연

　앞서 이야기한 바 있는 B부인이 하루는 한 노인을 모시고 왔다. 내 방에 들어온 것을 보니, 두 눈이 붉게 충혈되어 있는 데다 한 가닥의 살기마저 서려 있었다.
　아드님이 당신의 뜻을 잘 받들지 않아서 결판을 내어야겠다는 것이었고, 마지막 결단을 내리기 전에 서울에 사는 딸네 집에 쉬러 왔다는 이야기였다. 나는 언제나 하는 것처럼 공심법(空心法)을 써서 노부인의 전생의 기억을 더듬어 보았다.
　옛날, 아마 이조(李朝) 숙종 시대가 아니었던가 싶다.
　시골에 낙향해 사는 양반댁 규수가 시집을 갔다. 첫날 밤 신방에 든 신부가 눈을 뜨고 보니 신랑의 얼굴 반쪽이 시커멓고 이상한 혹까지 달려 흉칙했다.
　"어머나!"
　소스라치게 놀란 신부는 신랑이 붙잡을 사이도 없이 밖으로 뛰쳐 나갔다. 밖으로 나간 신부는 너무나 무서운 생각에 앞뒤 돌아다 볼 여유도 없이 뒤뜰의 굴뚝 옆에서 웅크린 채 밤을 지새웠다.
　새벽닭이 울었다. 아침 해가 훤히 떠올랐다. 신방에서 끝내 아무 기척이 없어, 문을 연 신부집 식구들은 소스라치게 놀라지 않을 수 없었다. 허리띠를 끌러 목을 매어 죽은 신랑이 있을 뿐 신부의 모습은 간 곳이 없었기 때문이다. 집안이 발칵 뒤집혔다.

그러자 뒤뜰 굴뚝 옆에 곤히 쓰러져 자고 있는 신부가 발견되었다.

신부는 친정집과 시댁에 다같이 큰 죄인이 되었고, 결국 우여곡절 끝에 먼 시골로 내쫓기는 몸이 되었다. 그 결과, 산골에 있는 어느 절에서 스님들 밥을 지어주는 공양주로서 일생을 마치게 되었다.

여인은 자기의 지난 날을 후회하고 자기로 말미암아 일찍 세상을 떠난, 이제는 얼굴조차도 기억이 없는 남편의 명복을 빌다가는 몇 시간이고 뜨거운 눈물을 흘리곤 했다.

젊은 스님들을 보면 자기의 지나온 나이를 헤어보고 내가 행복한 결혼 생활을 했더라면 저만한 나이의 아들이 있거니 싶기도 했다.

스님들도 곧잘 이런 말을 하곤 했다.

"제가 만일 속세에 다시 인연이 있어 태어난다면 어머니로 모시죠."

"스님, 고마운 말씀이예요."

여인은 두 손 모아 합장하며 눈물이 글썽해지곤 했다.

필자의 이야기가 끝나자 B부인의 어머니이신 노부인은 알았다는 듯이 무릎을 탁 쳤다.

"그래요. 내 아들의 말대로만 하면 되는 거예요. 아들은 아들이지만 전생의 스님이라고 생각하고 말예요."

노부인은 근심을 잊고 자기가 일찍 소년과부가 된 까닭도 알만하다고 했다. 이렇게 깨닫고 돌아가는 손님을 배웅할 때

느껴지는 흐뭇한 마음과 즐거움이란 누구도 상상할 수 없을 것이다.

6. 인도네시아의 별

 이것은 인도네시아의 유명한 영능력자인 파리다 여사를 만났을 때 주고 받은 이야기이다.
 장소는 뉴코리아나 호텔 커피숍이었고, 입회한 사람들은 강선행(康善行), 김학, 손도성(孫道成)씨 등 여러분이었다.
 "나는 한국에 고비 사막의 몽고인의 후예를 만나러 왔습니다. 오랜 옛날에 우주에서 이민해 온 사람이 재생(再生)된 분입니다."
 필자는 파리다 여사의 손을 잡고 안경을 벗으면서 말했다.
 "내가 누군지, 나의 전생(前生)이 누군지 한 번 보세요. 마음을 텅 비게 하여 거울이 되어 주십시오. 그러면 그 거울에 내 모습이 비칠 것입니다."
 잠시 긴장된 시간이 흘렀다.
 이윽고 파리다 여사는 한숨 쉬듯이 낮으막한 목소리로 말했다.
 "그렇군요. 당신은 그 옛날 고비 사막에 내린 우주인이었군요."
 "알아보시니 고맙습니다. 그럼 저도 한 마디 하죠. 파리다 여사는 지금으로부터 1만 5천년 전에 외계(外界)에서 7백 명의 죄수와 함께 비행접시를 타고 지구로 온 분입니다. 이 죄수들은 지구 위에서 몇 번이고 윤회를 되풀이 하면서 살아야 했군요."

"그럼, 내가 죄수였단 말입니까?"

"아닙니다. 죄수들을 착하게 교도해야 할 임무를 갖고 자진해서 지구에 온 것이었죠. 그 뒤 레무리아 대륙(大陸)이 바다에 가라앉을 때는 이집트로 피난을 가서 파라오의 무덤을 지키는 높은 제사장 자리에 있었군요."

필자의 말을 받아 파리다 여사도 한 마디 했다.

"델피의 신전(神殿)에서 일한 일도 있었습니다. 제가 외계에서 온 것은 확실해요. 오는 8월에 일본 북해도에 가 비행접시를 탈 거예요."

파리다 여사의 비행접시에 대한 열의는 대단했다.

동석한 사람들은 필시 마음 속으로 필자가 좀 머리가 돈 사람이 아닌가 하고 생각했을지도 모른다. 다음 날 아침, 필자는 코리아나 호텔로 파리다 여사를 찾아서 체질을 개선시키는 법을 시술해 주었다. 그러자 필자의 손에서 자기파(磁氣波)와 전기적인 쇼크가 자기 몸으로 흘러 들어옴을 알겠노라고 했다. 시술을 시작한 지 10분도 채 되기 전에 손님들이 밀어닥쳐서, 필자는 아쉬운 대로 중단을 해야만 했다.

이날 파리다 여사는 필자가 굉장한 영능력(靈能力)을 가지고 있으나 아직 완전히 개발된 상태는 아니라고 했다. 그리고는 덧붙여서 사람들의 불치병을 고치는 일에 너무 힘을 낭비하지 말라는 충고를 주기도 했다. 이런 일이 있은 지 며칠 뒤 파리다 여사는 한국을 떠났다.

떠날 때는 다른 일이 바빠서 전송도 못했지만 파리다 여사가 그 방면에서 세계적인 인물이라면 우리나라에도 그만한 정도의 세계적인 영능력자는 얼마든지 있다는 게 필자의 솔직한 심정이다.

　우리 모두가 하느님의 자녀라는 생각에 철저하다 보면 우리는 언제나 쉽게 국경도 초월할 수가 있다. 그러나 우리나라의 대중들이 아깝게도 심령현상에 대해서 너무도 아는 게 적다는 것은 참으로 한심한 일이 아닐 수 없다.

　그런 점에서 보면 인도네시아의 파리다 여사는 자기 소신대로 살고 있는 매우 행복한 여인이라고 할 수 있으리라.

세계적인 심령연구가들이 공개하는 영혼과 4차원 세계의 비밀!

"
나의 전생은 누구인가?
사후에는 무엇으로 환생할 것인가?
저승세계는 과연 어디쯤에 있을까?
죽음은 끝이 아니라 저승에서의 시작인가?
이 끝없는 의문에 대한 명쾌한
답이 이 책속에 있다.
"

지자경 / 차길진 / 안동민 저

전9권

업1권 전생인연의 비밀
업2권 사후세계의 비밀
업3권 심령치료의 기적
업4권 내가 본 저승세계
업5권 영계에서 온 편지
업6권 영혼의 목소리
업7권 전생이야기
업8권 빙의령이야기
업9권 살아있는 조상령들

★ 전국 유명서점 공급중

이 책을 펼치는 순간 당신의 운명이 바뀐다!!

세계적인 심령능력가 안동민 / 저

업장소멸 (전6권)

전생과 이승에서의 업장을 어떻게 풀 것인가?
이런 사람들은 지금 운명을 바꿔라

왜 돈 많은 집에서 태어나는 사람도 있는데, 그렇게 노력해도 가난에서 헤어나지 못하는가?

왜 평생 병이라는 것을 모르는 사람이 있는데 왜 나는 온갖 병을 짊어지고 살아야 하는가?

왜 세상에는 성공하는 사람, 실패하는 사람이 따로 있는가?

왜 남들은 결혼하여 행복을 누리는데 왜 나는 출산을 못하는가?

왜 남들은 일류대학이나 직장을가는데 왜 나는낙방만 하는가?

➡ 이 책은 당신은 누구인가? 또 사후에는 무엇으로 환생할 것인가에 대한 끝없는 의문을 명쾌하게 풀어준다.

➡ 최초로 공개되는 저승에서 보내온 S그룹 회장님의 메시지!

➡ 심령학자가 본 화성연쇄살인사건과 미국판 화성연쇄살인사건의 진상과 그 범인은 누구인가?

사업을 성공시키는 비법, 라이벌이나 원수를 주술로서 제거시키는 비법공개!

★ **전국 유명서점 공급중**

- 제1권 심령문답편
- 제2권 업장소멸편
- 제3권 악령의 세계편
- 제4권 원혼의 세계편
- 제5권 비전의 주술편
- 제6권 업장완결편

편저자 약력

서울에서 출생하여 서울대 문리대 국문과를 졸업. 1951년 경향신문 신춘문예에 「뽔火」가 당선되어 문단에 데뷔. 그후 일본에 진출하여 「심령치료」「심령진단」「심령문답」등을 저술하여 일본의 심령과학 전문 출판사인 대륙서방에서 간행하여 큰 호응을 얻었으며, 다년간 심령학을 연구함. 그후「업」「업장소멸」,「영혼과 전생이야기」「인과응보」「초능력과 영능력개발법」「최후의 해탈자」「사후의 세계」「심령의 세계」등 심령과학시리즈 20여종 저술(서음미디어 간행)

판권소유

개정판 발행 : 2013년 5월 15일
발행처 : 서음출판사(미디어)
등 록 : No 7-0851호
서울시 동대문구 신설동 94-60
Tel (02) 2253-5292
Fax (02) 2253-5295

편저자 | 안 동 민
발행인 | 이 관 희
본문편집 | 은종기획
표지 일러스트
Juya printing & Design
홈페이지 www.seoeumbook.com
E. mail   seoeum@hanmail.net

*이 책은 저작권법에 의해 보호를 받는 저작물이므로 무단 전제나 복제를 금합니다.
ⓒ seoeum